逆引きでわかる！

Redmine
ハンドブック

バージョン
5.0
対応

川端 光義 著

ソシム

はじめに

　Redmine はオープンソースなので、世界中のエンジニアが沢山のソースコードを書き、その人々の貢献によってできています。

　そして、世界中のユーザーの様々なユースケースによって作られてきたため、汎用性が高く、使い方も様々です。

　汎用性が高い分、Redmine を初めて利用する人にとっては、どのように使えば良いかが分かりにくくなります。ご飯を食べたい時にレストランに行くのではなく、スーパーに着いて食材から迷うのと同じです。

　僕はフリーランス時代に様々な現場で Redmine でプロジェクト管理をしてきました。それからも長年 Redmine のビジネスに携わってきた経験によりたくさんのプロジェクト管理のノウハウを持っています。

　僕なりに Redmine に対して貢献をしたいという思いを持っていたので、この本のお話を頂いた時、本当に有り難いなという気持ちになりました。

　本書は僕自身のノウハウを凝縮し、Redmine を初めて使う人でも長年使っている人でも、幅広いユーザーがどこから読んでもいいような逆引き本のように読むことができるよう構成しています。

●本書の構成

1 章、2 章、3 章 ------	Redmine を利用するすべての人にとって参考になる内容
4 章 ------------------	プロジェクト管理をする人にとって参考になる内容
5 章 ------------------	Redmine を導入したときに必要な初期設定や Redmine 全体に関わる内容 ※近年クラウドサービスが主流のため、本書では Redmine 構築の解説は省いています。
6 章 ------------------	Redmine をうまく使うためのタスク管理、プロジェクト管理のノウハウを濃縮

　読者の皆さまにとって、本書がタスク・プロジェクト管理を成功に導く手助けになることを願っています。

　併せて、Redmine の更なる普及につながっていけばいいなと思います。

最後に、Redmine をオープンソースソフトウェアとして公開し、長年に渡り開発・メンテナンスを続けている Jean-Philippe Lang 氏と開発チームのメンバー、Redmine.JP を運用され、日本での普及に多大なる貢献をされている前田 剛氏に深く感謝申し上げます。

そして、本書の執筆にご協力いただいた萬谷詳子さん、河本奈央可さん、ライターの森本ふくみさん、たくさんのレビューをしていただいたアジャイルウェアの皆さん、何より最後まで内容の改善に尽力いただいた出版社ソシムの木津様、皆様に感謝いたします。

2022 年 8 月
株式会社アジャイルウェア
川端光義

本書へのフィードバック、ご感想をいただけるとすごく嬉しいです。
以下の Google フォームからお願いします。

https://bit.ly/3Qcc3ld

目次

Redmine 5.0 の新機能

CHAPTER1　Redmine とは

Redmine とは

CHAPTER2　チームにおけるタスク管理

目次

CHAPTER3　個人設定

CHAPTER4　プロジェクト管理

目次

CHAPTER5　プロジェクト管理

目次

CHAPTER6 タスク・プロジェクト管理とは

Redmine 5.0 の新機能

Redmine 5.0 の 143 件の機能追加・修正の中から新機能を 18 件ピックアップして紹介します。

1 グループごとの二要素認証設定

特定のグループにおいて、二要素認証の設定を必須にすることができます。

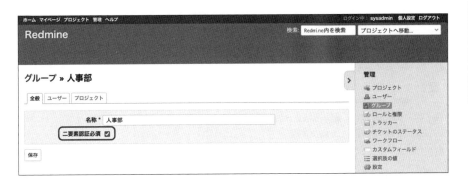

2 システム管理者のみに二要素認証設定

システム管理者権限のユーザーのみ二要素認証の設定を必須にすることができます。

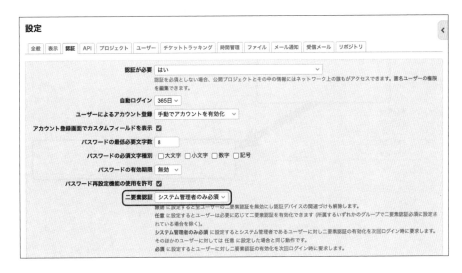

3 チケットの履歴の添付ファイル一括ダウンロード

チケットの履歴ごとの添付ファイルを一括でダウンロードできます。

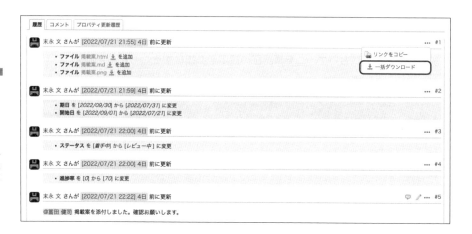

4 カスタムフィールドのプレースホルダーを表示

カスタムフィールドの「説明」に入力された内容が、チケット作成画面のプレースホルダーとして表示されます。

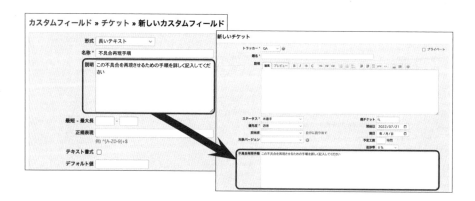

5 メンション機能

チケットや Wiki のテキストエリアに名前または「@」ログイン ID を入力すると、その名前の人にも通知がなされるようになります。

6 チケットのコメントに対するフィルタ

チケット一覧画面などのフィルタの条件に「コメント」が追加されました。

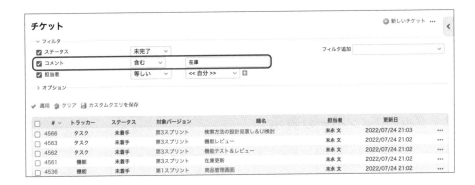

7 ファイルの説明に対するフィルタ

添付ファイルの説明に入力した内容でチケットの絞り込みができます。

8 フィルタで複数キーワードの AND 検索

テキスト形式のフィルタで複数キーワードを指定した AND 検索ができます。

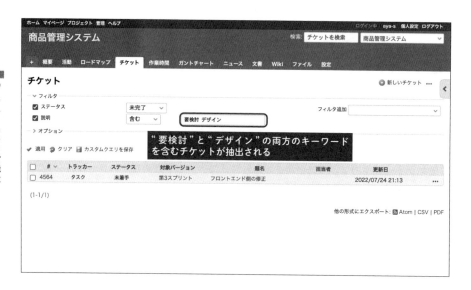

9 グループメンバーの表示

グループ名をクリックするとグループメンバーが表示されます。

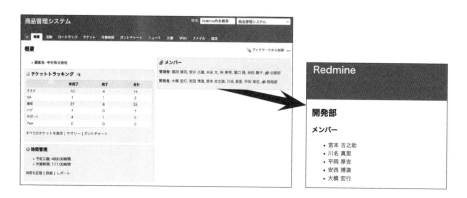

10　ユーザーのインポート登録時にメール通知

　CSV ファイルでユーザーをインポートするときに、アカウント情報をそのユーザーにメールで送信することができます。

11　チケットのオートウォッチ

　自分が更新したチケットを自動でウォッチすることができます。

12 チケットのデフォルトクエリ

チケット一覧画面を開いたときにデフォルトで表示するカスタムクエリを設定できます。

プロジェクト設定画面の「チケットトラッキング」タブ

「管理」→「設定」画面の「チケットトラッキング」タブ

個人設定画面

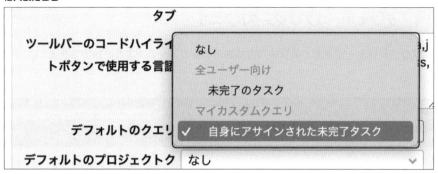

13 複数選択したチケットの URL のコピー

チケット一覧画面で複数のチケットを選択してコンテキストメニューからリンクをコピーすることができます。

このリンクは選択したチケットだけのリストで表示されるようになります。

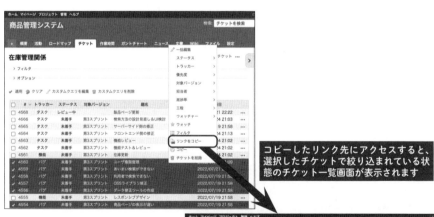

コピーしたリンク先にアクセスすると、選択したチケットで絞り込まれている状態のチケット一覧画面が表示されます

14 デフォルトのプロジェクトクエリ

プロジェクト一覧画面でデフォルトで表示するカスタムクエリを設定できます。

ホーム マイページ プロジェクト 管理 ヘルプ	ログイン中: aya-s 個人設定 ログアウト

Redmine

検索: Redmine内を検索　　プロジェクトへ移動...

設定

全般　表示　認証　API　**プロジェクト**　ユーザー　チケットトラッキング　時間管理　ファイル　メール通知　受信メール　リポジトリ

デフォルトで新しいプロジェクトは公開にする ☑

新規プロジェクトにおいてデフォルトで有効になるモジュール
- ☑ チケットトラッキング
- ☑ 時間管理
- ☑ ニュース
- ☑ 文書
- ☑ ファイル
- ☑ Wiki
- ☑ リポジトリ
- ☐ フォーラム
- ☐ カレンダー
- ☐ ガントチャート

新規プロジェクトにおいてデフォルトで有効になるトラッカー
- ☐ ライティング
- ☐ タスク
- ☐ QA
- ☐ 機能
- ☐ バグ
- ☐ サポート

プロジェクト識別子を連番で生成する ☑

システム管理者以外のユーザーが作成したプロジェクトに設定するロール 開発者

プロジェクトの一覧で表示する項目

表示形式 ○ ボード ● リスト

利用できる項目
ステータス
ホームページ
親プロジェクト名
顧客名

選択された項目
名称
識別子
説明
公開
作成日

→
←

⇈
↑
↓
⤓

デフォルトのクエリ マイプロジェクトクエリ ∨

保存

15 Textile のコメントのサポート

Textile 使用時にチケットや Wiki でのコメントが使えます。
<!-- と --> で囲んだ部分は画面に表示されず、編集時のみ見えます。

16 CommonMark Markdown の実験的なサポート

これまでテキスト書式は Textile と Markdown がありましたが、CommonMark が実験的にサポートされます。

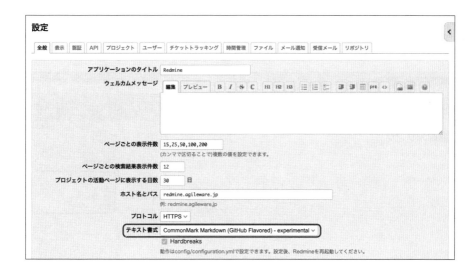

17　CommonMark Markdown でのタスクリスト

チケットや Wiki のテキストエリアでタスクリストの記法が使えます。

18　Wiki ページのウォッチャー

Wiki ページに他のユーザーをウォッチャーとして追加できます。

CHAPTER

1

Redmine とは

1-1

Redmineとは

Redmine は、プロジェクト管理ができる Web アプリケーションです。フランスの Jean-Philippe Lang 氏が中心になって、GPLv2 ライセンスのオープンソースソフトウェア（OSS）として開発されました。タスク管理やスケジュール管理、情報共有などを複数人で行うことができます。

図 1-1-1　チケット一覧

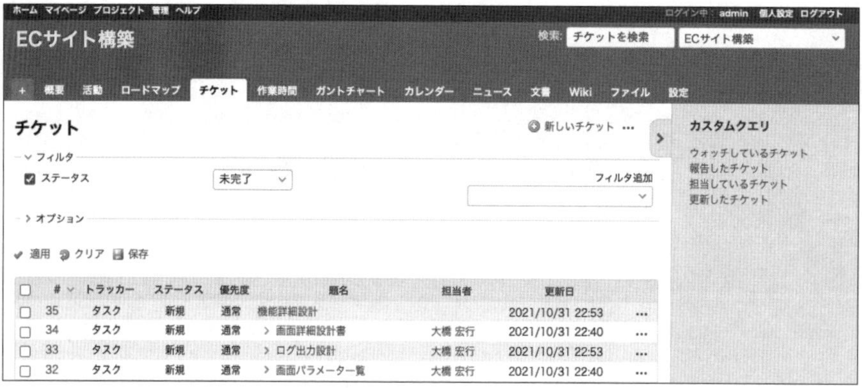

ホーム	マイページ	プロジェクト	管理	ヘルプ					ログイン中: admin　個人設定　ログアウト

ECサイト構築

検索: チケットを検索　　ECサイト構築

+	概要	活動	ロードマップ	チケット	作業時間	ガントチャート	カレンダー	ニュース	文書	Wiki	ファイル	設定

チケット　　　　　　　　　　　　　　　　　　　　　　⊕ 新しいチケット …　　>

カスタムクエリ
ウォッチしているチケット
報告したチケット
担当しているチケット
更新したチケット

∨ フィルタ
☑ ステータス　　　未完了　∨　　　　　　　　　　フィルタ追加

> オプション

✔ 適用　🔄 クリア　💾 保存

☐	# ∨	トラッカー	ステータス	優先度	題名	担当者	更新日	
☐	35	タスク	新規	通常	機能詳細設計		2021/10/31 22:53	…
☐	34	タスク	新規	通常	> 画面詳細設計書	大橋 宏行	2021/10/31 22:40	…
☐	33	タスク	新規	通常	> ログ出力設計	大橋 宏行	2021/10/31 22:53	…
☐	32	タスク	新規	通常	> 画面パラメータ一覧	大橋 宏行	2021/10/31 22:40	…

1-1-1　Redmine の特徴

Redmine は以下の特徴があります。

・Web ブラウザ上で複数人で管理できる
・OSS なので無料で利用でき カスタマイズが可能である
・プラグインで拡張できる
・プロジェクトとチケットを無制限に階層化でき、大規模プロジェクトでの利用も可能である

2006 年に Redmine が誕生してから本書出版時のバージョン 5.0.2 現在も、活発に機

能拡張が行われています。Redmine には、本体に機能を追加することができる**プラグイン**という仕組みがあり、世界中で既に 1,000 以上のプラグインが公開されています。また Redmine は OSS の中でも、テストプログラムによってテストが自動化されており、カバレッジが高く、**高品質**が保たれています。リリースされた最新のバージョンについても、安定して運用することが可能です。

表 1-1-1　Redmine の主な機能

カテゴリ	機能	概要
タスク・進捗管理	チケット	チケットの一覧と個々のチケットの管理
	ガントチャート	WBS とスケジュールを示す図を表示
	ロードマップ	チケットをフェーズごとに分類して表示。直近のチケットの状況を把握
	活動	プロジェクトのメンバーが Redmine 上で行った更新情報を時系列表示
	カレンダー	チケットをカレンダー上に表示
情報共有	Wiki	情報を共有・共同編集
	文書	メンバーと共有する文書ファイルを管理
	ファイル	主にダウンロード用のファイルを管理
	フォーラム	メンバー同士で議論を行うための掲示板機能
	ニュース	メンバー全員へのお知らせを掲載
	メール通知	更新されたチケットの情報をメールで通知
開発	リポジトリ	様々なバージョン管理システムに対応したリポジトリブラウザ

　以下の機能は、本書の目的からは外れるため掲載を省きます。

カレンダー

　カレンダー表示には自分が担当者になっているチケットが表示されますが、開始日と終了期日の日にしか表示されず、途中の日には表示されません。したがって、その日にやるべきチケットを知りたい場合にカレンダー機能は不向きであり、利用する機会が限られます。

フォーラム

　通常、個別のチケットについての議論はチケット内のコメント機能で行われることが多く、フォーラムはプロジェクト全体の議論で使われることが多いようです。Redmine.org のようなオープンソースの開発においては活用されますが、業務においてはリアルタイム性が重視され、チャットツールなどが使われることが多くなっています。

1-2

Redmineの利用シーンを知る

Redmine はソフトウェア開発におけるプロジェクト管理用に作られましたが、様々な用途での利用が可能で汎用的な Web アプリケーションです。

表計算ソフトで管理しているものであればだいたいのことは Redmine でも管理でき、様々なメリットが授与できるでしょう。

1-2-1　Redmine 利用例

以下、筆者が知っている限りの Redmine 利用例です。

- ・チームで使うタスク管理
- ・ソフトウェア開発におけるプロジェクト管理やバグ管理
- ・製造業における製品開発プロジェクト管理
- ・カスタマーサポートにおける問い合わせ管理
- ・インフラによるサーバー運用保守管理
- ・ITIL におけるインシデント管理
- ・Web 制作におけるスケジュール管理
- ・ISO 26262 におけるトレーサビリティ管理

この他、車製造に関するプロジェクトにおいて、表計算ソフトの管理となると改ざんが可能になるため、全てが記録に残るツールとして、Redmine が採用されている例もあります。

そして本書の執筆作業もプロジェクトとして Redmine で管理しました。

チームのタスク管理のイメージ

図 1-2-1　チームでタスク管理している画面

バグ管理のイメージ

図 1-2-2　バグ管理のチケット一覧の画面

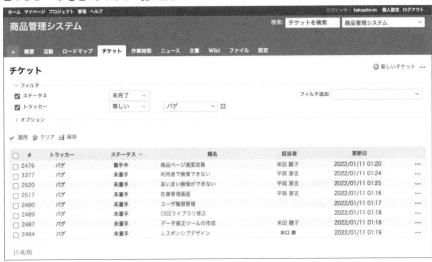

図 1-2-3　バグ管理のチケット詳細 1

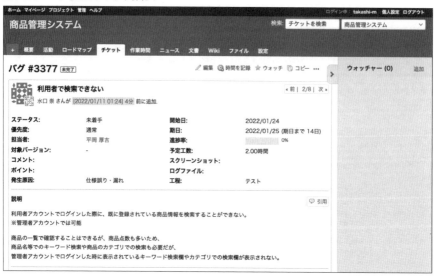

図 1-2-4　バグ管理のチケット詳細 2

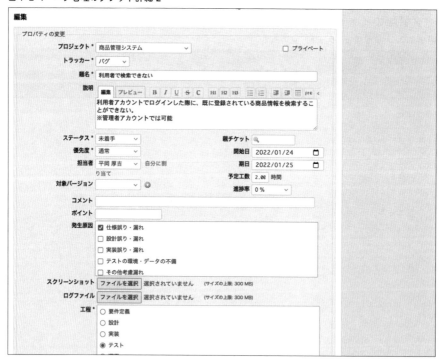

進捗管理のイメージ

図 1-2-5　進捗管理している画面

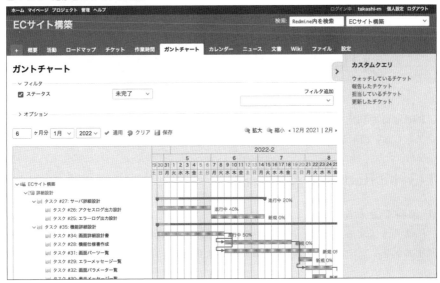

本書のロードマップのイメージ

図 1-2-6　Redmine ハンドブックのロードマップの画面

Redmineハンドブック

<table>
<tr><td>+</td><td>概要</td><td>活動</td><td>ロードマップ</td><td>チケット</td><td>作業時間</td><td>ガントチャート</td><td>ニュース</td><td>文書</td><td>Wiki</td><td>ファイル</td><td>設定</td></tr>
</table>

ロードマップ

🗐 本 [進行中]

```
████                                                            4%
```

144 チケット　(7件完了 ― 137件未完了)

関連するチケット

- ライティング #2660: 1. 全ユーザー向け
- ライティング #2661: * Redmineとは
- ライティング #2662: * Redmineの利用シーン
- ライティング #2663: * Redmineのメリット・デメリット
- ライティング #2664: 0. 画面目次
- ライティング #2665: * Redmineの基本
- ライティング #2673: 2. 担当者向け
- ライティング #2674: * Redmineにログインしてプロジェクトに移動する
- ライティング #2675: * わかりやすいチケットを作成する

1-3

Redmineの
メリット・デメリットを理解する

Redmine を利用することにより、様々なメリットがあります。またデメリットやオススメしない利用シーンについてもまとめています。

1-3-1　Redmine のメリット

① 無料で使える

Redmine はオープンソースソフトウェアであり、無料で入手することができます。利用者が増えてもライセンスコストがかかりません。

② Web で共有できる

ユーザーは Web ブラウザだけで Redmine が利用でき、Web でタスクやファイルなど様々な情報を共有できます。同じ情報に同時アクセスも可能で、他のユーザーによるファイルロック解除を待つ必要はありません。

③ 未完了タスクを明確にできる

Redmine ではすべてのタスクにステータスを持っていて、完了しているか未完了かがすぐにわかります。

④ 大量のタスクを管理できる

Redmine はプロジェクトとタスクを無制限に階層化できるため、大規模プロジェクトや大量のタスクも管理できます。

⑤ タスクの状況を把握することができる

Redmine では、過去に誰が何を作業して変更したかの記録が残されます。複数人で作業する場合も、タスクの状況を把握して仕事を進められます。

⑥ ガントチャートが見られる

Redmine のタスクは階層化でき WBS が作れます。そしてそのスケジューリングを行

うとガントチャートが自動的に作図され、チームメンバー全員で見ることができます。

⑦ 情報を一元管理できる

Redmine はデータベースで情報を一元管理できます。ファイル単位で管理している表計算ソフトのように、コピーを重ねて原本がわからなくなったり、複数のファイルに情報が分散したりといった問題は発生しません。

⑧ 権限管理がしやすい

Redmine では、操作や閲覧などの細かいアクセス権限をロール（役割）というまとまりにして権限管理ができます。

⑨ グローバルに利用できる

Redmine は現在 49 言語に対応していて世界中で利用されています。海外拠点があっても情報を共有してプロジェクト管理ができます。

⑩ 機能を拡張できる

Redmine はプラグインという部品を組み込むことで機能を拡張することができます。Redmine.org の Plugins Directory には 1,000 以上のプラグインが登録されていて、ほとんどが OSS として無料で使用できます。

⑪ 運用に合わせて柔軟に変えられる

Redmine は、デフォルトで定義されている設定を柔軟に管理画面で変えることができ、様々なプロジェクト管理の運用のやり方にツールをフィットさせることができます。

⑫ バージョン管理システムと連係できる

Redmine は、Git や Subversion などのバージョン管理システムと連係ができ、タスクとリポジトリへのコミットを関連付けてトレーサビリティを担保できます。

⑬ スマホでも利用できる

Redmine 3.2 からレスポンシブ Web デザインに対応し、スマホからの利用でも、タスクの参照・更新など、ほとんどの操作が可能です。

⑭ コミュニティが活発である

現在、日本では redmine.tokyo と Redmine 大阪の二つのコミュニティが活発で、毎年数回勉強会が開催されます。2020 年には Redmine Japan という大規模なカンファレンスが初めて開催されるなど、Redmine ユーザーの盛り上がりがうかがえます。

⑮ 日本語の情報量が多い

　Redmine は全世界で使われていますが、日本では特に Redmine に関する Web サイトや書籍などが充実しており、コミュニティ活動も活発なため、日本語で容易に情報を得ることができます。

1-3-2　Redmine のデメリット・オススメしない利用シーン

① 表計算ソフトのように自由な管理はできない

　Redmine はある程度決まった枠でのプロジェクト管理に向いているので、管理したい項目が定まっていない間は表計算ソフトを利用した方が良い場合もあります。

② アナログツールを重視するプロジェクト管理には不向き

　情報を見に行かないといけないデジタルツールより、付箋紙や壁に貼るタスクボードの管理で十分な場合もあります。

③ マスターデータの管理には不向き

　Redmine ではマスターデータを管理するテーブルが用意されていないので、顧客管理や商品管理などには向いていません。

④ 時間レベルのタスク管理はできない

　Redmine のタスクの開始日・期日の最小単位が日であるため、時間単位でタスク管理はできません。

1-4

Redmineの基本概念を理解する

Redmine を使うために、理解しておくべき Redmine の基本を説明します。

図 1-4-1　Redmine の基本概念図

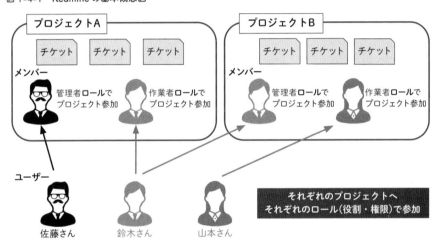

1-4-1　プロジェクト

Redmine におけるプロジェクトとは、業務におけるプロジェクトと同じ意味合いで使われます。プロジェクト内で関わるメンバーやタスク、ドキュメントなどの情報を管理することができます。

Redmine に登録するタスク、ドキュメントなどは、必ずいずれかのプロジェクトで管理する必要があります。

11

1-4-2　チケット

　チケットとは、プロジェクトを進めていく中で対応していくためのタスク一つ一つを指します。例えば、システム開発であれば仕様設計や実装および不具合対応です。

　チケットという表現は、初めて Redmine を使う人には馴染みがないと思います。英語では「Issue」という単語で表され、直訳すると「問題」「課題」を指します。少し意味合いが変わってしまうため、日本語では様々な概念を含む「チケット」という単語で表現されています。

1-4-3　ユーザー

　Redmine にアクセスするためのアカウントです。

1-4-4　メンバー

　ユーザーが特定のプロジェクトに所属するとプロジェクトのメンバーとなり、プロジェクトの情報の閲覧や更新を行えます。ユーザーは複数のプロジェクトに所属できます。

1-4-5　担当者

　通常の業務では、担当者というとその仕事の責任者という概念がありますが、Redmine においては、**担当者は「現時点で」チケットに対処すべき人**を指します。複数人でタスクをこなす場合、担当者を変えてワークフローを進めていくことができます。

1-4-6　トラッカー

　トラッカーは、端的にいうとチケットの種別です。デフォルトでは「機能」「バグ」「サポート」と定義されています。ソフトウェア開発用のデフォルト設定のため、それ以外の業務では適切なトラッカー名に変えると良いでしょう。

1-4-7　ロールと権限

　プロジェクトに対してチケットの閲覧や更新など、どのような操作ができるかの「権限」を設定できますが、一人ひとりのユーザーごとに権限を設定するのは運用が大変になるため、「ロール」という役割の単位で権限をまとめて設定できます。どのロールと

してユーザーがプロジェクトに所属するかで、ユーザーによるプロジェクトの操作権限を管理することができます。

図1-4-2　プロジェクトとユーザーとロールの関係を示した図

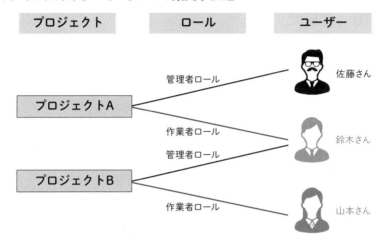

佐藤さん：プロジェクトAの管理者ロールのメンバー
山本さん：プロジェクトBの作業者ロールのメンバー
鈴木さん：プロジェクトBでは管理者ロールのメンバー、プロジェクトAでは作業者ロールのメンバー

　図1-4-1では、山田さんはプロジェクトAでは管理者のロールとして所属し、プロジェクトBでは開発者のロールとして所属しています。そのためプロジェクトAではメンバーを管理する権限がありますが、プロジェクとBではメンバーを管理する権限はなく、チケットを編集する権限だけになっています。

1-4-8　グループ

　グループは複数のユーザーをまとめて扱うためのものです。同じチームや業務というまとめ方でグループを作ることができ、実際の部署と同じように扱われることもあります。
　また、グループ単位でプロジェクトのメンバーに追加したりチケット担当者にすることもできます。

1-4-9　バージョン

　バージョンは、フェーズ（工程）と同じような意味合いで、ある特定の期日までに対

処すべきチケットをまとめるために利用します。例えば、週単位にバージョンを作成し、チケットをそれぞれ割り当てると、今週に終わらせるべきタスクがいくつあり、残りどれだけあるかを「ロードマップ」画面で視覚的に確認することができます。

1-4-10　階層化

　Redmine では、プロジェクトとチケットを**階層化**することができます。親・子・孫・ひ孫…のように多階層化することができ、階層に上限はありません。プロジェクトの階層化は組織階層や製品の階層などを表すことができます。

　チケットは、抽象的なタスクを具体化したり、複数のタスクに分割したりするために階層化します。階層化したチケットは**親子チケット**と呼びます。

1-5

タスク・プロジェクト管理を
始めるまでの流れ

ここでは、実際にタスク管理、プロジェクト管理を行うまでに、準備すべきことについて解説します。

1-5-1　Redmine 全体の設定の準備

ユーザーの作成

プロジェクトの情報を参照するだけの人も含め、すべてのプロジェクトのメンバーにRedmine のアカウントが必要になるので、まずはメンバー全員のユーザーを作成してください（5-15「ユーザーを作成・管理する」p.296 参照）。

チケットのステータスの設定

デフォルトで用意されているステータスを使う場合は、この設定を省略できます。個人タスクレベルの管理をしたい場合は、シンプルなワークフロー運用を前提として、「ToDo」「Doing」「Done」のステータスを追加して活用するのも良いでしょう（5-20「チケットのステータスを設定する」p.318 参照）。

トラッカーの設定

Redmine では、あらかじめ一般的なソフトウェア開発において想定される、3 つのトラッカー（「バグ」「機能」「サポート」）がデフォルトで用意されています。
　業種など必要に応じて、トラッカーを新たに追加するか、変更してください（5-19「トラッカーを設定する」p.314 参照）。

ロールと権限の設定

Redmine では、あらかじめ一般的なソフトウェア開発において想定されるロールと権限の組み合わせがデフォルトで用意されています。
　業種など必要に応じて、ロールと権限を新たに追加するか、変更してください（5-18「ロールと権限を設定する」p.310 参照）。

ワークフローの設定

デフォルトで用意されているロール、トラッカー、ステータスに対して、ワークフローが用意されています。必要に応じて、設定を新たにワークフローを追加するか、変更してください（5-21「ワークフローを設定する」p.322 参照）。

カスタムフィールドの検討

標準フィールドとは別に、チケットの情報として独自に管理したいフィールドがあれば、カスタムフィールドとしてチケットにフィールドを追加してください（5-22「カスタムフィールドを作成する」p.327 参照）。

1-5-2　プロジェクト新規作成時の準備

プロジェクトの作成

新たなプロジェクトを始める際には、Redmine のプロジェクトを作成してください。加えて、単にタスク管理だけを行いたい場合にも、その入れ物としてプロジェクトを作成します。その場合、プロジェクト名は部署名などのケースも考えられます（4-1「プロジェクトを作成する」p.132 参照）。

プロジェクトへメンバーを追加

プロジェクトのメンバーにならなければ、プロジェクト内の情報を参照できません。必要なメンバーをプロジェクトへ追加してください（4-4「プロジェクトの初期設定をする」p.142 参照）。

プロジェクトの初期設定

必要なトラッカーやカスタムフィールドを利用できるように設定し、プロジェクトをうまく運用できるようにしてください（4-4「プロジェクトの初期設定をする」p.142 参照）。

ここまでが、Redmine でタスク・プロジェクト管理をする上での、基本的な準備です。
実際に、タスク管理を始める場合は 2 章「チームにおけるタスク管理」を、プロジェクト管理を始める場合は 4 章「プロジェクト管理」を、それぞれご覧ください。

CHAPTER

2

チームにおける
タスク管理

チケットの作成

2-1

Redmineにログインして
プロジェクトに移動する

2-1-1　Redmine にログインする

Redmine 上の情報を参照するには、画面右上の「**ログイン**」リンクをクリックし、表示された**ログイン画面**からログインを行います。

図 2-1-1　ログイン画面

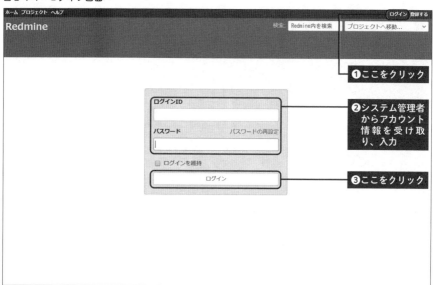

Redmine を始めるときは、システム管理者から**図 2-1-2** のような招待メール、もしくは別の手段で連絡があり、そこに書かれている**ログイン ID** と**パスワード**を使用してログインします。

図 2-1-2　アカウント登録のメール文

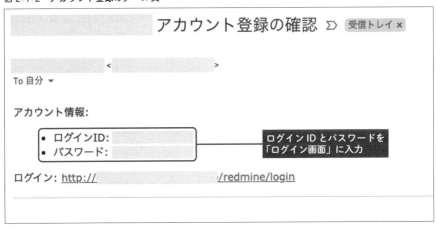

2-1-2　プロジェクトに移動する

　Redmine にログイン後、まず利用するプロジェクトに移動します。以下のいずれか
の方法でプロジェクトに移動することができます。

① 画面右上のプロジェクトセレクタから選択

　「プロジェクトへ移動 ...」と表示されているプルダウンをクリックして、その下に表
示されている目的のプロジェクトを選択します。

図 2-1-3　プロジェクトのプルダウン表示

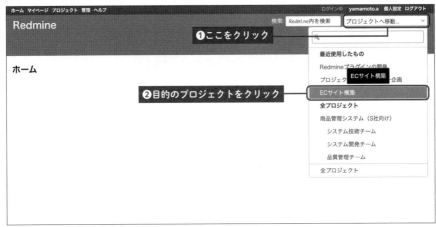

②「プロジェクト」画面の一覧から選択

　画面左上のトップメニュー「プロジェクト」をクリックすると、プロジェクト画面が
表示され、その一覧の中から目的のプロジェクトをクリックします。

図 2-1-4　プロジェクト一覧画面

　移動するとプロジェクトの概要画面が表示されます。

図 2-1-5　プロジェクト概要画面

2-2

チケットを作成する

やるべきタスクを「チケット」として作成します。自分自身のタスクだけでなく、チームメンバーの他の人のタスクも作成できます。

図 2-2-1　チケットの新規作成画面

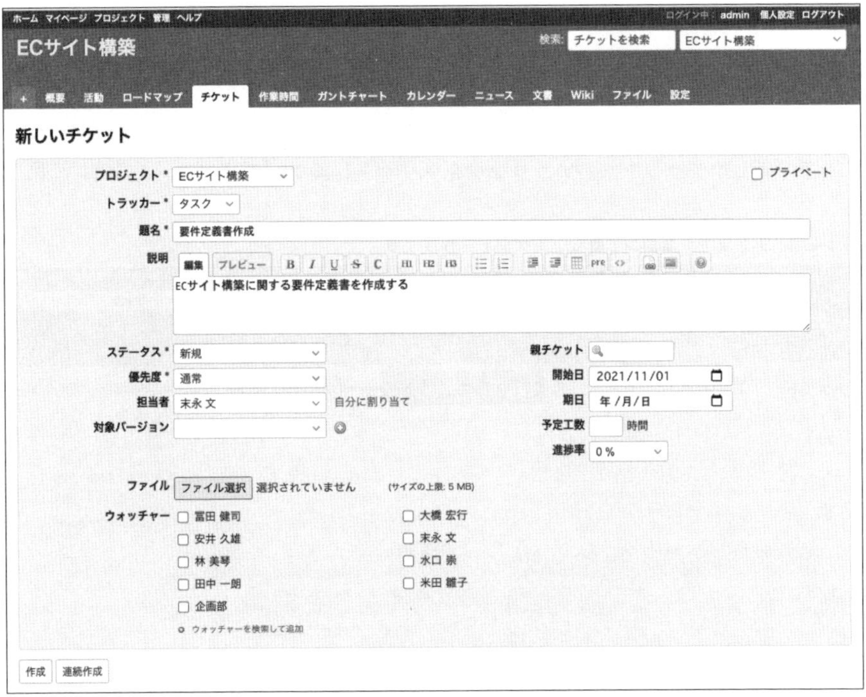

ホーム マイページ プロジェクト 管理 ヘルプ				ログイン中: admin 個人設定 ログアウト

ECサイト構築　　　　　　　検索: チケットを検索　ECサイト構築 ▼

＋ 概要 活動 ロードマップ **チケット** 作業時間 ガントチャート カレンダー ニュース 文書 Wiki ファイル 設定

新しいチケット

プロジェクト *	ECサイト構築 ▼
トラッカー *	タスク ▼
題名 *	要件定義書作成
説明	編集 プレビュー　B I U S C H1 H2 H3 ≡ ≡ ≡ ≡ ≡ pre <> 🔗 🖼 ❓
	ECサイト構築に関する要件定義書を作成する

ステータス *	新規 ▼	親チケット	🔍
優先度 *	通常 ▼	開始日	2021/11/01 📅
担当者	末永 文 ▼ 自分に割り当て	期日	年 /月 /日 📅
対象バージョン	▼ ⊕	予定工数	時間
		進捗率	0 % ▼

ファイル	ファイル選択 選択されていません　(サイズの上限: 5 MB)
ウォッチャー	☐ 冨田 健司　　　☐ 大橋 宏行
	☐ 安井 久雄　　　☐ 末永 文
	☐ 林 美琴　　　　☐ 水口 崇
	☐ 田中 一朗　　　☐ 米田 幟子
	☐ 企画部
	◉ ウォッチャーを検索して追加

作成　連続作成

2-2-1　新しいチケットを作成する

チケット作成画面を開く方法は 2 つあります。

1 つ目の方法では、プロジェクト画面を開き、左端にある「＋」ボタンをクリックし、表示されたメニューで「新しいチケット」をクリックします。

図 2-2-2　プロジェクト概要画面で新しいチケットを作成する

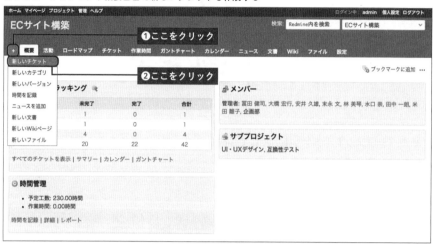

2つ目の方法では、「**チケット**」タブをクリックして開き、チケット一覧画面の右上にある「**新しいチケット**」というリンクをクリックします。

図 2-2-3　チケット一覧画面で新しいチケットを作成する

チケットの新規作成画面を開いたら、赤い＊印の必須項目（トラッカー・題名・ステータス・優先度）およびプロジェクトの運用上、最低限必要な項目を入力します。

図 2-2-4　チケットの新規作成画面

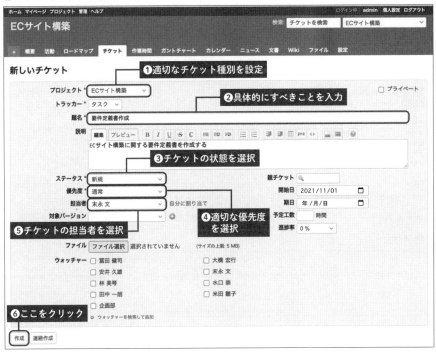

「**トラッカー**」は適切なタスクの種別を選択します。

「**題名**」は内容を端的に表すものです。具体的に何をすべきかわかるタイトルをシンプルに入力します。

「**説明**」にはタスクについての詳細を入力します。

「**ステータス**」はチケットの状態を表します。そのチケットの状況に応じてステータスを変更します。

「**優先度**」はどのチケットから着手するべきかを判断するのに役立ちます。必要に応じて適切な優先度に変更します。

「**担当者**」はチケットの担当者を選択します。自分のタスクであれば自分を選択し、他の人に依頼するタスクであれば、その人の名前を選択します。

　必要な項目の入力後、「**作成**」ボタンをクリックするとチケットが作成され、以下の

チケット詳細画面が表示されます。

図 2-2-5　チケットの詳細画面

2-3 わかりやすいチケットを書く

チームメンバーとタスクを共有するためにわかりやすいチケットの書き方を説明します。チームやプロジェクトの方針により、チケットの書き方は異なります。Redmine導入時に検討しておきましょう（5-1「Redmineの導入時に検討すること」p.256参照）。

図2-3-1　チケット作成画面

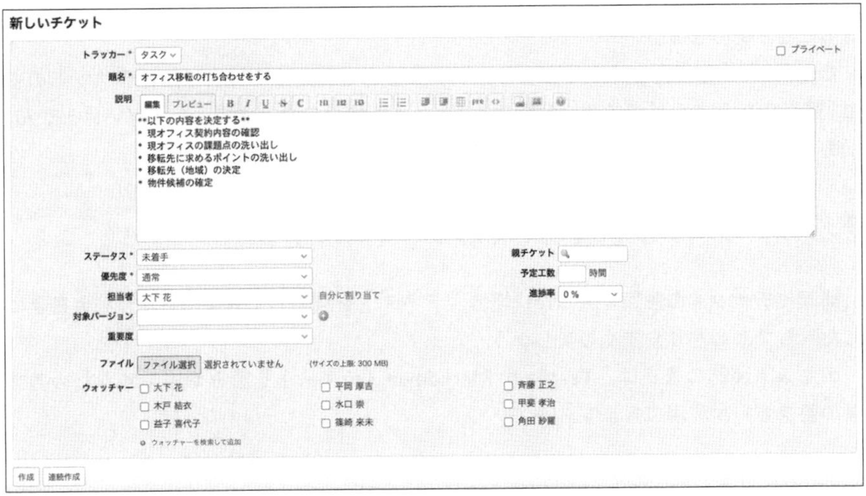

新しいチケット
トラッカー *
タスク
プライベート
題名 *
オフィス移転の打ち合わせをする
説明
編集
プレビュー
以下の内容を決定する
* 現オフィス契約内容の確認
* 現オフィスの課題点の洗い出し
* 移転先に求めるポイントの洗い出し
* 移転先（地域）の決定
* 物件候補の確定
ステータス *
未着手
優先度 *
通常
担当者
大下 花
自分に割り当て
対象バージョン
重要度
親チケット
予定工数
時間
進捗率
0 %
ファイル
ファイル選択
選択されていません
(サイズの上限: 300 MB)
ウォッチャー
大下 花
木戸 結衣
益子 喜代子
平岡 厚吉
水口 崇
篠崎 来未
斉藤 正之
甲斐 孝治
角田 紗羅
ウォッチャーを検索して追加
作成
連続作成

2-3-1　わかりやすい題名を書く

題名だけでチケットの内容がわかるようにしましょう。

たとえば、見積書を作成するときのチケットの題名は「見積書」ではなく、「見積書を作成する」、打ち合わせをするときのチケットは「打ち合わせをする」ではなく、「オフィス移転の打ち合わせをする」など、シンプルに内容がわかる題名にすると良いでしょう。題名は動詞で終わるようにするとわかりやすいです。

2-3-2　わかりやすい説明を書く

担当者が自分以外の場合、入力したタスクの内容は案外、相手には伝わりにくいものです。説明の入力内容はできるだけ具体的なタスクについて**説明**を加えましょう。

たとえば、「オフィス移転の打ち合わせをする」のチケットの説明欄では、どこまで打ち合わせをするべきか、**完了条件**を書くのが望ましいです。その打ち合わせで移転先の場所や物件候補を確定させるなど、何が決まれば打ち合わせとして終了できるのか、ゴールを明記します。

2-3-3　1つのチケットには1つのタスクのみ書く

複数のタスクが一つのチケットに入っていると、チケットのやり取りの際に混乱が生じることがあります。

たとえば、「見積書を作成する」というチケットを作成する場合には、チケットの中に「業務を遂行する」「請求書を発行する」といった複数のタスクを入れてはいけません。別のチケットに切り出しましょう。

2-3-4　テキストを装飾してわかりやすくする

簡潔にチケットの意図を表したい場合、テキストを装飾して太字にしたり箇条書きにしたりして、わかりやすくしましょう。

テキスト装飾の書式は、**Textile** か **Markdown**（テキストを読みやすくするための文書の書き方）が利用できます。

※書式は Redmine 全体としてどちらかに決めておく必要があります。運用中に変えた場合は、既存の書式が残されたままとなります（5-8「全般に関する設定を行う」p.277 参照）。

テキスト装飾の書式は、テキストに記号列を書き加えることで文書の構造や意味、処理などを記述する記法です（テキスト装飾の書式は 2-4「テキスト装飾の書式（Markdown）」p.27 参照）。

図 2-3-2　Markdown の例（左が入力、右が出力）

```
# 見出し1
## 見出し2
### 見出し3
```

見出し1

見出し2

見出し3

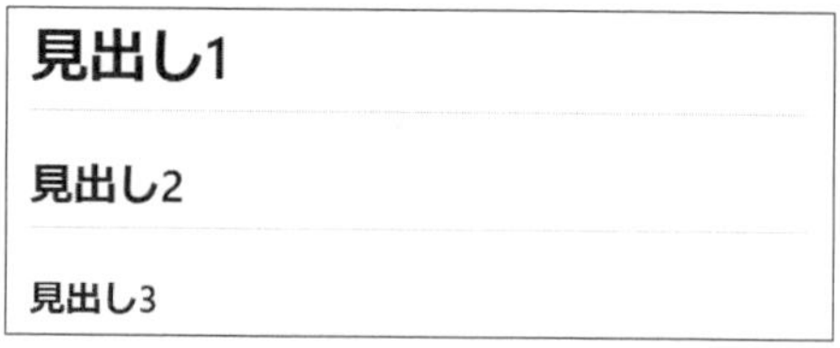

2-4

テキスト装飾の書式 （Markdown）

Redmine では、チケットの説明、注記、Wiki などのテキストエリアで、単なる文字（プレーンテキスト）ではなく、装飾が可能な Textile 記法と Markdown 記法（テキストに記号列を書き加えることで文書の構造や意味、処理などを記述する記法）が使えます。

Textile は機能が豊富なため多彩な表現を使うのに適し、Markdown はシンプルで書きやすい・読みやすいコードに適しています。

> **NOTE** **テキスト装飾の書式は最初に決めて変更しない**
>
> 書式は Redmine 全体としてどちらかに決めておく必要があります。運用中に変えた場合は、既存の書式が残されたままとなります（5-8「全般に関する設定を行う」p.277 参照）。

図 2-4-1 Textile の記述例

```
h1. TextileとMarkdownの比較

h2. 文字書式

*太字*
_斜体_
-取り消し線-
@inline code@

h2. リスト

* 項目1
* 項目2
* 項目3
```

図 2-4-2 Markdown の記述例

```
# TextileとMarkdownの比較

## 文字書式

**太字**
*斜体*
~~取り消し線~~
`inline code`

## リスト

* 項目1
* 項目2
* 項目3
```

図 2-4-3 記述例プレビュー結果

> **TextileとMarkdownの比較**
> **文字書式**
>
> **太字**
> *斜体*
> ~~取り消し線~~
> `inline code`
>
> **リスト**
> - 項目1
> - 項目2
> - 項目3

2-4-1 WYSIWYG（ツールバー）による入力支援

WYSIWYG（ツールバー）のツールアイコンをクリックすると、Textile や Markdown の書式に変換されます。

記入した文字を選択してからツールアイコンをクリックすると、太字や斜体、取消線などの適切な記号が自動的に入力されます。あるいは、ツールアイコンをクリックして適切な記号が入力されてから、文字を記入することもできます。

図 2-4-4　WYSIWYG による入力画面

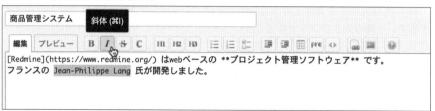

2-4-2 Markdown の書式

現在、一般的には Markdown が広く普及しているため、ここでは Markdown の書式とその表示例を列挙します。

文字に対する書式

Markdown	説明・表示例
** 太字 **	**太字**
* 斜体 *	*斜体*
~~ 取消線 ~~	~~取消線~~
` コード `	バッククオート（`）で囲まれた部分は等幅フォントで表示される。行内にソースコードを表示するときなどに用いる。 `コード`

引用

Markdown	説明・表示例
> 引用	引用
	<blockquote>*引用*</blockquote>

箇条書き（リストと番号付きリスト）

```
- quick
  - brown
    - fox
    - jumps
  - over
  - the
- lazy
- dog
```

チケットの作成

表示例

- quick
  - brown
    - fox
    - jumps
  - over
  - the
- lazy
- dog

```
* the
* quick
* brown
```

表示例

- the
- quick
- brown

```
1. the
1. quick
1. brown
```

1. the

2. quick

3. brown

見出し

から ###### まで使用できます。

Markdown	説明・表示例
# 見出し 1	# 見出し1
## 見出し 2	## 見出し2
### 見出し 3	### 見出し3
#### 見出し 4	#### 見出し4
##### 見出し 5	##### 見出し5
###### 見出し 6	###### 見出し6

水平線

Textile	説明・表示例
***	水平線（画面幅いっぱいの横線）を表示する。HTML の \<hr/\> に相当。3 つ以上のハイフン (-)、アスタリスク (*) または下線 (_) を並べる。

リンク

リンクしたいテキストを括弧 [] で囲み、それに続く括弧 () 内にリンク先 URL を記述します。

```
サーバに [Redmine](https://redmine.jp/) をインストール。
```

サーバに ▫Redmine をインストール。

［ の直前や) の直後に空白が必要な場合があるので注意しましょう。

テーブル

```
|コード|県名|位置|
|---|---|---|
|31|鳥取県|島根の右|
|32|島根県|鳥取の左|
```

文字列を "|" で囲むとテーブルとして表示されます。

コード	県名	位置
31	鳥取県	島根の右
32	島根県	鳥取の左

"|---|" の上の行がテーブルヘッダ（HTML：<th>）となります。

```
|左寄せ|右寄せ|中央寄せ|
|---|--:|:-:|
```

左寄せ	右寄せ	中央寄せ
left	right	center

整形済みテキスト

　ソースコードなど、整形や Markdown による加工を行わせずそのまま表示したいテキストはバッククオート（`）3つで囲みます。

```
```
friend = "Ken"
t = Time.now
puts "Hello #{friend} !"
puts "今日は#{t.year}年#{t.month}月#{t.day}日だよ"
```
```

表示例

```
friend = "Ken"
t = Time.now
puts "Hello #{friend} !"
puts "今日は#{t.year}年#{t.month}月#{t.day}日だよ"
```

コードハイライトテキスト

```ruby
friend = "Ken"
t = Time.now
puts "Hello #{friend} !"
puts "今日は#{t.year}年#{t.month}月#{t.day}日だよ"
```

表示例

```ruby
friend = "Ken"
t = Time.now
puts "Hello #{friend} !"
puts "今日は#{t.year}年#{t.month}月#{t.day}日だよ"
```

2-5

チケットに独自の
入力項目を追加する

　チケットの項目において、初期設定にはない独自の項目を管理したい場合に、カスタムフィールドを追加することができます。

　たとえば、「重要度」や「承認日」などチケットに独自の情報を管理したいときに役立ちます。

図 2-5-1　カスタムフィールドが表示されている画面

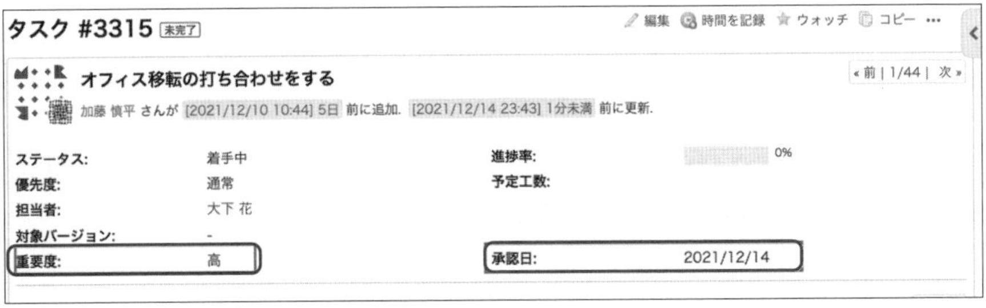

タスク #3315 [未完了]　　　　　　　🖉 編集 🕒 時間を記録 ☆ ウォッチ 📋 コピー …

オフィス移転の打ち合わせをする　　　　　　　◀ 前 | 1/44 | 次 ▶

加藤 慎平 さんが [2021/12/10 10:44] 5日 前に追加. [2021/12/14 23:43] 1分未満 前に更新.

ステータス:	着手中	進捗率:	0%
優先度:	通常	予定工数:	
担当者:	大下 花		
対象バージョン:	-		
重要度:	高	承認日:	2021/12/14

2-5-1　カスタムフィールドの作成

　カスタムフィールドは、項目の形式もテキストだけでなく、数値や日付、リスト、ファイルなど様々なフィールドを追加することができ、そこに必須かどうか、どのロールで表示できるのか、どのプロジェクトで使えるのかなど細かく条件をつけられます。

図 2-5-2　カスタムフィールドの作成画面

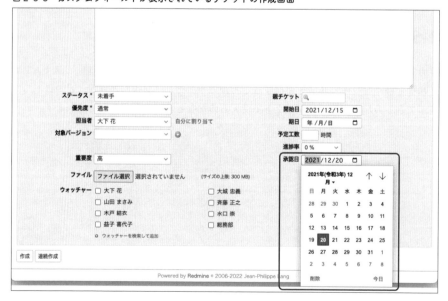

カスタムフィールド » チケット » 新しいカスタムフィールド

形式　キー・バリュー リスト
　　　✓ テキスト
　　　　バージョン
名称　　ファイル
　　　　ユーザー
説明　　リスト
　　　　リンク
　　　　小数
　　　　整数
　　　　日付
　　　　真偽値
　　　　長いテキスト

最短 - 最大長

正規表現
　例）^[A-Z0-9]+$

テキスト書式

デフォルト値

値に設定するリンクURL

作成　連続作成

必須
フィルタとして使用
検索対象

表示
　◉ すべてのユーザー
　○ 次のロールのみ:
　　　□ 管理者
　　　□ 開発者
　　　□ 報告者

✔ トラッカー
□ ライティング □ タスク □ QA □ 機能 □ バグ □ サポート □ writing □ タスク

✔ プロジェクト
全プロジェクト向け

□ ウェブサイトのリニューアル
□ オフィス移転プロジェクト
□ パフォーマンス検証用
□ 商品管理システム
□ 携帯電話向けゲームアプリの開発

※カスタムフィールドの作成方法については 5-22「カスタムフィールドを作成する」（p.327）を参照してください。

　たとえば「承認日」という項目でカスタムフィールドを作成すると、チケットの作成画面で以下のように承認日が入力できるようになります。

図 2-5-3　カスタムフィールドが表示されているチケットの作成画面

ステータス *　未着手
優先度 *　通常
担当者　大下 花　　　自分に割り当て
対象バージョン　　　⊕

重要度　高

ファイル　ファイル選択　選択されていません　（サイズの上限: 300 MB）

ウォッチャー　□ 大下 花　　　　　□ 大城 忠義
　　　　　　　□ 山田 まさみ　　　□ 斉藤 正之
　　　　　　　□ 木戸 結衣　　　　□ 水口 崇
　　　　　　　□ 益子 喜代子　　　□ 総務部
　　　　　　　◎ ウォッチャーを検索して追加

作成　連続作成

親チケット
開始日　2021/12/15
期日　年/月/日
予定工数　　　時間
進捗率　0 %

承認日　2021/12/20

2021年(令和3年) 12 月 ▾

日　月　火　水　木　金　土
28　29　30　1　2　3　4
5　6　7　8　9　10　11
12　13　14　15　16　17　18
19　**20**　21　22　23　24　25
26　27　28　29　30　31　1
2　3　4　5　6　7　8

削除　　　　　　　今日

2-5-2　カスタムフィールド追加時の注意点

　プロジェクトマネージャーは、管理項目を増やすことで情報量が多くなると、プロジェクト管理のリスクを軽減できます。しかし、必要以上に管理項目を増やすと、担当者にとっては手間が増え、チケット作成そのものが困難なものになってしまいます。簡単なタスクだと、チケットを作成しないまま作業を進めてしまうでしょう。必須項目はなるべく最低限とし、業務の効率とのバランスを考えてカスタムフィールドを追加していきましょう。

チケットの作成

図 2-5-4　カスタムフィールド項目が多すぎる画面

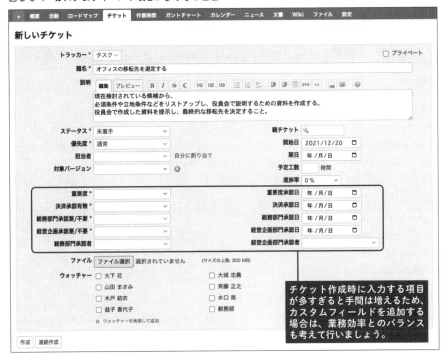

2-6

チケット一覧の
使い方を理解する

プロジェクト画面から「チケット」タブをクリックするとチケット一覧の画面が表示されます。

図 2-6-1　チケット一覧画面

| ホーム マイページ プロジェクト ヘルプ | | | | | ログイン中: mari-k　個人設定 ログアウト |

イベント企画会社Webサイト制作

検索: チケットを検索　　イベント企画会社Webサイ… ∨

＋　概要　活動　**チケット**　作業時間　ガントチャート　カレンダー　ニュース　文書　Wiki　ファイル　設定

チケット

◉ 新しいチケット …　›

- フィルタ
  - ☑ ステータス　　未完了 ∨　　　　　　　　　　フィルタ追加
- オプション

✓ 適用 ⟳ クリア 🖫 カスタムクエリを保存

	# ∨	トラッカー	ステータス	対象バージョン	題名	担当者	更新日	
☐	5195	タスク1	着手中		パンフレットを作成する	川名 真里	2022/07/26 21:06	…
☐	5194	タスク1	着手中		地元メディア向けのプレリリースを作成する	総務部	2022/07/26 21:01	…
☐	5193	タスク1	着手中		既存顧客にメールでイベント情報を通知する	川名 真里	2022/07/26 21:00	…
☐	5192	タスク1	未着手		ブログ記事とランディングページにトラフィックを誘導するためのSNS投稿を作成する	川名 真里	2022/07/26 20:58	…
☐	5191	タスク1	未着手		ブース資料を注文する	川名 真里	2022/07/26 20:56	…
☐	5190	タスク1	未着手		ウェビナーデモを埋め込んだブログ投稿を作成する	総務部	2022/07/26 20:56	…
☐	5189	タスク1	未着手		配布物とイベントスケジュール表の注文をする	川名 真里	2022/07/26 20:55	…
☐	5188	タスク1	未着手		イベントのハッシュタグを作成する	川名 真里	2022/07/26 20:54	…

(1-8/8)

他の形式にエクスポート: 🖹 Atom | CSV | PDF

Powered by **Redmine** © 2006-2022 Jean-Philippe Lang

マイカスタムクエリ

ソート

カスタムクエリ

ウォッチしているチケット
報告したチケット
担当しているチケット
更新したチケット

デフォルトでは、Redmine に登録されているチケットのうち、ステータスが未完了のチケットが一覧表示されます。

この画面では、指定した条件に合致したチケットだけを絞り込み表示させる**フィルタ**機能や、絞り込んだチケットの表示項目を増やしたり、整列したりする**オプション**機能が利用できます。

これらの機能を利用して、様々な観点からデータを見ることができます。

図 2-6-2　チケット一覧のフィルタとオプション機能

縦書き：チケットの作成

2-6-1　フィルタの設定

「フィルタ追加」と表示されたドロップダウンリストから条件を追加すると、設定した条件（AND 条件）で絞り込まれたチケットが表示されます。条件を設定した後、「適用」をクリックしてください。

以下のようなフィルタを追加することができます。

図 2-6-3　標準で用意されているフィルタ項目

　ステータスや担当者でフィルタを行う場合、Redmine に登録されているステータスや担当者がフィルタの選択肢として表示されます。また、チケットの作成日や期日でフィルタを行う場合、日付に対しての様々な絞り込みが標準で用意されています。

図 2-6-4　日付項目に対する様々な絞り込みの選択肢

今週中に作成されたチケットの一覧を表示して、新たなチケットを確認することができます。

図 2-6-5　作成日が今週のフィルタを適用して一覧表示させている画面

チケットのステータスが「着手中」または「レビュー中」など、複数の値をフィルタ条件としたい場合、選択肢の右にある＋をクリックすると、複数選択することができます。

図 2-6-6　＋ボタンで選択肢を複数選択している画面

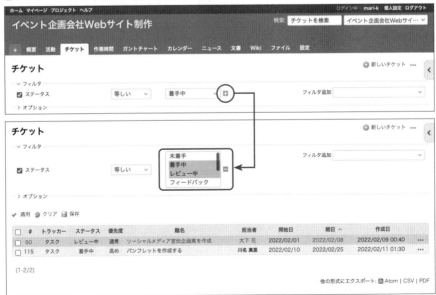

2-6-2　フィルタの解除

　フィルタを解除するには、「**クリア**」をクリックします。
　追加した条件がすべて解除され、未完了のチケットが表示されているデフォルトの状態に戻ります。

2-6-3　オプション

　「オプション」を使うと、フィルタで絞り込まれたチケットをグルーピングしたり、数値型の項目（フィールド）に対してかんたんな集計を行わせたりすることができます。

項目
　一覧に表示したい項目を選択できます。

グループ条件
　すべてのチケットを対象の項目ごとにグルーピングして表示することが可能です。また、グループでまとめられた合計値も表示することができます。
　以下は**担当者**でグルーピングした画面です。

図 2-6-7　担当者でグルーピングした画面

図 2-6-8　担当者でグルーピングした行のみ表示した画面

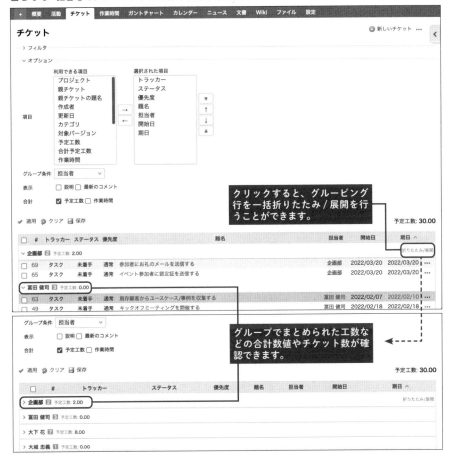

チケットの作成

表示

「説明」「最新のコメント」について記載のあるものは内容が表示されます。

合計

工数などの合計数値が確認できるほか、追加設定した数値型のカスタムフィールドもここに表示され、選択できるようになります。

「適用」ボタンをクリックすると、上記設定を行ったデータが表示されます。

2-6-4　ソート

チケット一覧のタイトル行（1行目）の項目名をクリックすると、その項目をキーとして、チケット一覧の表示順を並び変えることができます。再度、項目名をクリックすることで昇順、降順が切り替わります。最初にクリックした項目が最優先のキーとなりますが、2番目、3番目に選択した項目もキーとして考慮されます。

図 2-6-9　複数のソートが反映されているものの比較 1

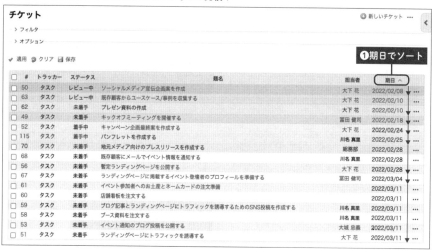

図 2-6-10　複数のソートが反映されているものの比較 2

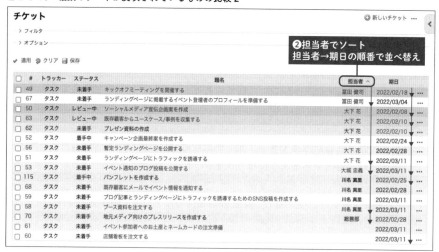

図 2-6-11　複数のソートが反映されているものの比較 3

チケット

- → フィルタ
- → オプション

❸ステータス（降順）でソート
ステータス（降順）→担当者→期日の順番で並べ替え

#	トラッカー	ステータス	題名	担当者	期日
50	タスク	レビュー中	ソーシャルメディア宣伝企画案を作成	大下 花	2022/02/08
63	タスク	レビュー中	既存顧客からユースケース/事例を収集する	大下 花	2022/02/10
52	タスク	着手中	キャンペーン企画最終案を作成する	大下 花	2022/02/24
115	タスク	着手中	パンフレットを作成する	川名 真里	2022/02/25
49	タスク	未着手	キックオフミーティングを開催する	冨田 健司	2022/02/18
67	タスク	未着手	ランディングページに掲載するイベント登壇者のプロフィールを準備する	冨田 健司	2022/03/04
62	タスク	未着手	プレゼン資料の作成	大下 花	2022/02/10
56	タスク	未着手	暫定ランディングページを公開する	大下 花	2022/02/28
51	タスク	未着手	ランディングページにトラフィックを誘導する	大下 花	2022/03/11
53	タスク	未着手	イベント通知のブログ投稿を公開する	大城 忠義	2022/03/11
68	タスク	未着手	既存顧客にメールでイベント情報を通知する	川名 真里	2022/02/28
59	タスク	未着手	ブログ記事とランディングページにトラフィックを誘導するためのSNS投稿を作成する	川名 真里	2022/03/11
58	タスク	未着手	ブース資料を注文する	川名 真里	2022/03/11
70	タスク	未着手	地元メディア向けのプレスリリースを作成する	総務部	2022/02/28
61	タスク	未着手	イベント参加者へのお土産とネームカードの注文準備		2022/03/11
60	タスク	未着手	店舗看板を注文する		2022/03/11

①期日、②担当者、③ステータス（降順）の順でクリックすることで、今一番進行している タスクのなかで期日が近いタスクがどれかを担当者ごとに把握できます。

ソートを使用するかフィルターを使用するか

　今やるべきチケットがどれかを判断するために、開始日のフィルタを追加することも一つですが、判断材料となる表示項目を増やしてソートすることで複合的な観点から総合的に判断が行えます。

　オプションを開いて、利用できる項目から「ステータス」「優先度」「開始日」「期日」「予定工数」などを表示し、ソートを行うことで

- "開始日は過ぎているけど、締切まで余裕がある"チケット
- "開始日・期日が設定されてないけれど、優先度が高めである"チケット

など、今やるべきチケットが判断しやすくなります。

開始日は過ぎているけど、締め切りまで余裕があることがわかる画面

#	ステータス	優先度	題名	担当者	開始日	期日	予定工数
115	着手中	高め	パンフレットを作成する	川名 真里	2022/02/10	2022/02/25	12.00
70	未着手	高め	地元メディア向けのプレスリリースを作成する	総務部	2022/02/18	2022/02/28	
68	未着手	通常	既存顧客にメールでイベント情報を通知する	川名 真里	2022/02/16	2022/02/28	1.00
59	未着手	通常	ブログ記事とランディングページにトラフィックを誘導するためのSNS投稿を作成する	川名 真里	2022/03/07	2022/03/11	
58	未着手	通常	ブース資料を注文する	川名 真里	2022/03/01	2022/03/11	
64	未着手	通常	配布物とイベントスケジュール表の注文をする	川名 真里	2022/02/28	2022/03/18	3.00
66	未着手	通常	ウェビナーデモを埋め込んだブログ投稿を作成する	総務部	2022/03/21	2022/03/23	
57	未着手	通常	イベントのハッシュタグを作成する	川名 真里	2022/03/07		

(1-8/8)

2-7

今やるべき
チケットを表示する

　朝イチのタイミングで何のタスクから始めるかを確認する際に、いくつかの見方があります。日程ベースで開始日が今日になっているタスク、タイムボックス管理（6-14「アジャイル開発の概要を知る」p.384 参照）で今週のバージョンに設定されているタスク、優先度が高いタスク、どれも今やるべきチケットと言えます。チームの管理の仕方によって使い分けましょう。

2-7-1　日程ベースで今やるべきチケットを表示する

　各タスクに開始日と期日を設定している場合、今日が開始日のタスクは今日開始するべきと言えますが、昨日以前に開始日が来ているもの（開始日が過ぎているが未完了のタスク）も今日やるべきタスクとなります。

　すでに開始日が過ぎているタスクと、今日が開始日のタスク、どちらを優先するべきかは、タスクの優先度や期日に応じてその日決める必要があります。より緊急度の高いタスクを優先して取り組むべきでしょう。

フィルタ設定例

　「開始日」を過ぎているチケットを一覧表示するには、「開始日」を「N 日前以前」設定してに、フィールドに「0」を入力し、「適用」ボタンをクリックします。

図 2-7-1　開始日のフィルタリングでやるべきチケットの一覧

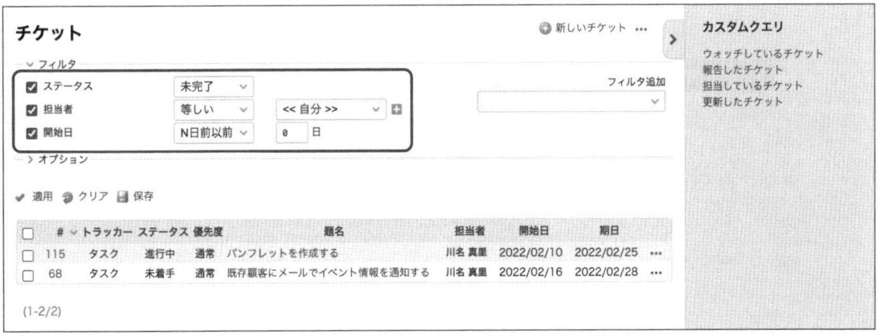

	#	トラッカー	ステータス	優先度	題名	担当者	開始日	期日	
☐	115	タスク	進行中	通常	パンフレットを作成する	川名 真里	2022/02/10	2022/02/25	…
☐	68	タスク	未着手	通常	既存顧客にメールでイベント情報を通知する	川名 真里	2022/02/16	2022/02/28	…

(1-2/2)

自分が今日やるべきチケットがどれかを判断するために、判断材料となる表示項目を増やすと良いでしょう。

　開始日でフィルタをかけてもそもそも開始日が入っていない場合もあります。Redmineのフィルタリングは AND 条件でしか抽出できないので、開始日が入っている場合と入っていない場合の抽出を同時に見ることができません。

　そのため、オプションを開いて、利用できる項目から「ステータス」「優先度」「開始日」「期日」「予定工数」などを表示し、ソートを行うと良いでしょう。"開始日は過ぎているけど、締切まで余裕がある"や"開始日・期日が設定されてないけれど、優先度が高めである"など、複合的な観点から今やるべきチケットが判断できます。

　チーム内で開始日や期日など必ず入れる項目を決めておくと良いでしょう。

図 2-7-2　様々な項目を表示しているチケット一覧（期日順）

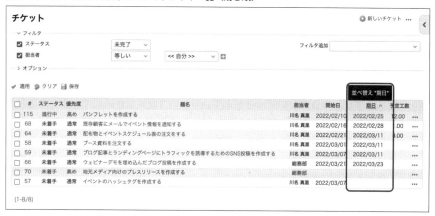

図 2-7-3　様々な項目を表示しているチケット一覧（優先度順）

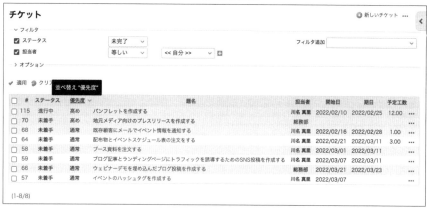

2-7-2　タイムボックス管理で今やるべきチケットを表示する

　アジャイル開発などで対象バージョンを使ってタイムボックス管理（6-14「アジャイル開発の概要を知る」p.384 を参照）をしている場合は、今日が対象バージョンの期間の中であれば、今日を含む期間内に開始すべきと言えます。ただ、前回のバージョンの期間の中で開始日が来ているものも、今の期間内にやるべきタスクとなります。

　タイムボックス管理の場合は、開始日と期日は任意で運用できるので、「優先度」が主な判断材料として今やるべきチケットを判断します。

フィルタ設定例

　対象バージョンのフィルタを追加し、「等しい」「現在の期間が含まれる対象バージョン」に設定して「適用」ボタンをクリックします。

図 2-7-4　タイムボックス管理でやるべきチケット一覧

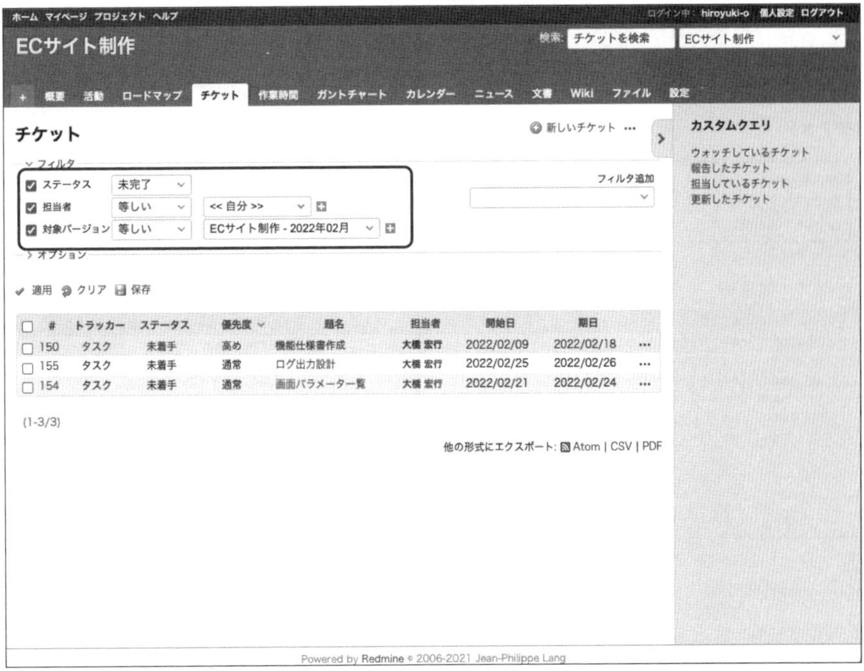

2-7-3　着手可能なチケットに絞り込む

　日程ベースにせよタイムボックス管理にせよ、担当しているチケットの中には、自分のタスクの前に先行して行うタスクもあります。先行のタスクが終わっていないために自分のタスクに着手できない状態のものも表示されることがあります。その中から着手可能な状態のチケットだけを絞り込むことができます。

フィルタ設定例

　着手可能なチケットだけを絞り込み表示させるには、先行するタスクがない、または、先行するタスクが完了しているという条件のフィルタを追加します。
　担当者が << 自分 >> のフィルタが設定されている状態で、「フィルタ追加」から「次のチケットに後続」を選択し、そこから「なし または完了したチケット」を選択します。

図 2-7-5　着手可能が分かるチケット一覧

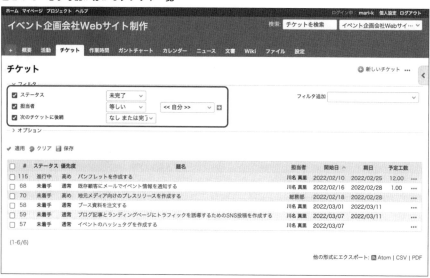

2-8

期日を超えている
チケットを表示する

期日を超えているチケットが無いことを保つことは理想ですが、予定通りにはいかないもので、期日を超えているチケットは最優先で対処しなければなりません。

フィルタ設定例

期日を超えているチケットを表示する場合は、**期日**が「N 日前以前」のフィルタを追加し、値に「1」を指定することで、昨日以前に期日を迎えてしまっているチケットを抽出できます。

図 2-8-1　期日を超えてているチケットを表示

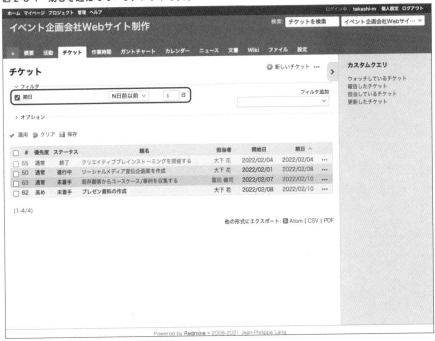

期日を超えているチケットが複数ある場合は、遅れの大きいチケットから処理しなければなりません。一覧で期日を昇順でソートするとより遅れているタスクがどれなのか判断できます。

　注意点として、チケットの期日が必須ではない場合に、**期日が未記入のチケットがあると、このフィルタでは表示されなくなります。**

　期日が未記入のチケットにおいても、「期日」のフィルタを追加し、「なし」を選択して優先的に処理すべきチケットの有無をチェックしておきましょう。

図 2-8-2　期日なしでフィルタリングしているチケット一覧

2-9

他のメンバーに依頼している チケットを表示する

自分が依頼したタスクについて、状況を追跡して問題がないかの確認をする必要がある場面は良くあると思います。

たとえば、今月末に展示会があり、「パンフレットを作成する」というチケットを作ってデザイナーに依頼したが、月末になってもパンフレットができていないという事態にならないように、パンフレットが作成できているか事前に確認できると良いでしょう。

フィルタ設定例

チケットの作成者が自分であり、担当者が依頼している一個人か、複数人に依頼しているなら「自分以外」というフィルタ条件になります。

「**作成者**」のフィルタを追加して **<< 自分 >>** と「**等しい**」を選択し、更に「**担当者**」のフィルタを追加して、**<< 自分 >>** と「**等しくない**」を選択します。

図 2-9-1　他の人に依頼しているチケット一覧

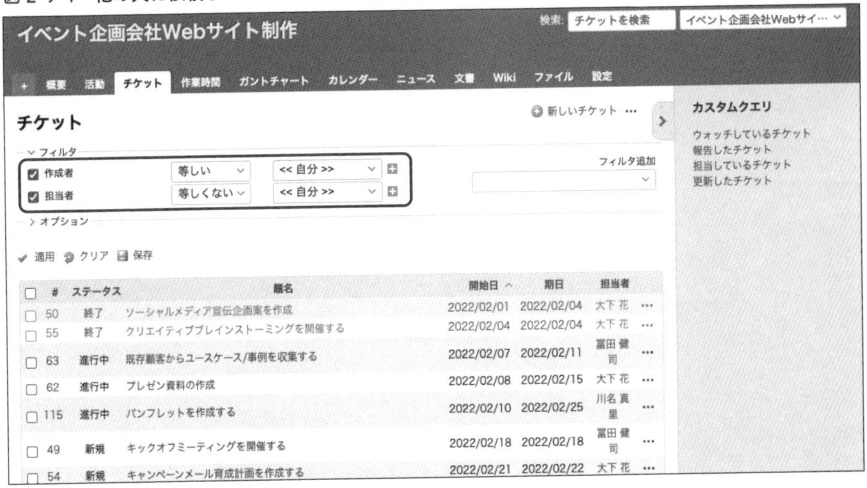

イベント企画会社Webサイト制作
検索: チケットを検索
イベント企画会社Webサイ…
+ 概要 活動 チケット 作業時間 ガントチャート カレンダー ニュース 文書 Wiki ファイル 設定
チケット
新しいチケット
フィルタ
作成者 等しい << 自分 >>
担当者 等しくない << 自分 >>
フィルタ追加
オプション
適用 クリア 保存
ステータス 題名 開始日 期日 担当者
50 終了 ソーシャルメディア宣伝企画案を作成 2022/02/01 2022/02/04 大下 花
55 終了 クリエイティブブレインストーミングを開催する 2022/02/04 2022/02/04 大下 花
63 進行中 既存顧客からユースケース/事例を収集する 2022/02/07 2022/02/11 冨田 健司
62 進行中 プレゼン資料の作成 2022/02/08 2022/02/15 大下 花
115 進行中 パンフレットを作成する 2022/02/10 2022/02/25 川名 真里
49 新規 キックオフミーティングを開催する 2022/02/18 2022/02/18 冨田 健司
54 新規 キャンペーンメール育成計画を作成する 2022/02/21 2022/02/22 大下 花
カスタムクエリ
ウォッチしているチケット
報告したチケット
担当しているチケット
更新したチケット

依頼した人に単なる進捗確認をすることは、相手に催促しているようにもとられてしまうため、伝え方も工夫できると良いでしょう。

2-10

完了したばかりの
チケットを表示する

直近で完了しているタスクを確認するケースはよくあります。
例えば、完了したタスクの成果物を、上司などがレビューすることなどです。

フィルタ設定例

　ステータスを「完了」かつ、終了日を「先週」に設定し、「適用」ボタンをクリック
することで先週の間にステータスが完了されたチケットを表示することができます。

図 2-10-1　完了したばかりのチケット一覧

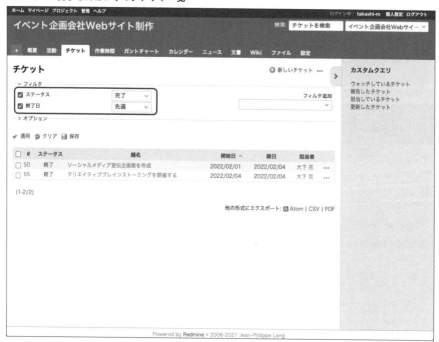

　終了日はステータスを完了にした日となるため、ステータスを完了にする日程が正し
くない運用の場合、更新日を「先週」に設定するとおおよそは確認できるでしょう。

2-11

着手されていない
チケットを表示する

「期日が迫っているチケットを表示する」にも書きましたが、なるべく日々、タスクをいつから開始すべきかを確認し、適切なタイミングでタスクを着手できるようにしましょう。

開始日が過ぎてしまっていて、着手されていないチケットは、期日に間に合わなくなってくる可能性も出てくるので、注意する必要があります。

フィルタ設定例

着手されていないチケットを確認するには、ステータスと開始日でフィルタリングを行いましょう。

ステータスを「等しい」「未着手」にセットし、開始日のフィルタを追加して「N 日前以前」と「1」でフィルタリングを行うことで、開始日が昨日より以前になっているのにステータスが進行中になっていないチケット一覧が表示されます。

図 2-11-1　着手されていないチケット一覧

イベント企画会社Webサイト制作			検索: チケットを検索	イベント企画会社Webサイ… ∨

+　概要　活動　**チケット**　作業時間　ガントチャート　カレンダー　ニュース　文書　Wiki　ファイル　設定

チケット　　　　　　　　　　　　　　　　　　　　🌐 新しいチケット …　**カスタムクエリ**

ウォッチしているチケット
報告したチケット
担当しているチケット
更新したチケット

∨ フィルタ

☑ ステータス　　　等しい ∨　　未着手 ∨ ➕　　　　　　フィルタ追加
☑ 開始日　　　　　N日前以前 ∨　　1　日　　　　　　　　　　　∨

> オプション

✔ 適用　🔄 クリア　💾 保存

☐ #	ステータス	題名	開始日 ∧	期日	担当者	
☐ 63	未着手	既存顧客からユースケース/事例を収集する	2022/02/07	2022/02/11	冨田 健司	…
☐ 62	未着手	プレゼン資料の作成	2022/02/08	2022/02/15	大下 花	…

(1-2/2)

他の形式にエクスポート: 📶 Atom | CSV | PDF

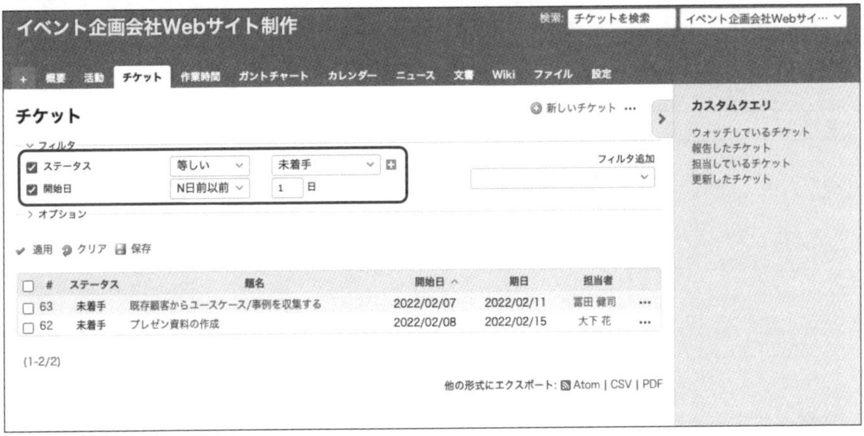

担当者が単純にステータスの更新を忘れているケースも多くありますが、こまめに状況を確認することによって、スケジュールの遅れを未然に防ぐことができます。

2-12

放置されている チケットを表示する

　放置されているチケットというのは様々なケースで起こります。チケットがほぼ解決しているが、終了して良いかどうか分からず、そのままになっているケース。優先度の低いタスクがいつになっても着手されず後回しになっている。マルチタスクで仕事を進めていて、つい失念してしまったケースなど。定期的に、マネージャーなどが毎日、毎週チェックしておくことが重要です。

　放置チケットをチェックする頻度や、「放置されているとは●日更新がないもの」などの決め事を作っておくと良いでしょう。

フィルタ設定例

　放置チケットのフィルタリングは、例えば更新日を「N 日前以前」「5」にセットしてフィルタリングすることで、過去 5 日間放置されているチケットを確認できます。

図 2-12-1　放置されているチケット一覧

　放置されている期間が長いものから表示させるには、オプションの「利用できる項目」から「更新日」を表示させて、昇順に設定しましょう。

　しばらく更新されていないということは、完了とみなして問題ない状況にある可能性があるため、その判断材料になります。

2-13

担当者がアサインされていない
チケットを表示する

チケットは作成しているが、具体的な担当者がアサインされていない状態というのはよくあります。アサインされないことによってそのチケットがいつまでも着手されず、放置チケットになってしまうこともあるでしょう。

フィルタ設定例

まずは担当者がいない状態のフィルタリングで確認をしましょう。

担当者のフィルタを追加し、「**なし**」をセットしてフィルタリングを行います。

図 2-13-1　担当者が空白のチケット一覧

Redmine 全体の設定、グループを担当者に割り当てることができる設定の場合、グループにはアサインしているが、具体的な担当者が決まっていないということもあり、担当者のアサインがされていないことと同時に抽出できると効率的です。この場合は、**担当者を「等しくない」に設定**し、**プルダウンに表示されている個人名をすべて選択**してフィルタをかけましょう。担当者がグループになっているのも含めて、具体的な担当者がアサインされていないチケットを一度に確認することができます。

図 2-13-2　担当者がグループに設定されているものと空白もあるチケット一覧

2-14

担当者ごとに
チケットを表示する
［グルーピング］

チケットを担当者ごとにグルーピング（2-6-3「オプション」p.40参照）することで、誰がどんなタスクを持っているのか、担当者が抱えているタスクの量はどれぐらいかがわかりやすくなります。担当者だけでなく、任意の項目（フィールド）でグルーピングして表示させることができます。

図 2-14-1　担当者でグルーピングしているところ

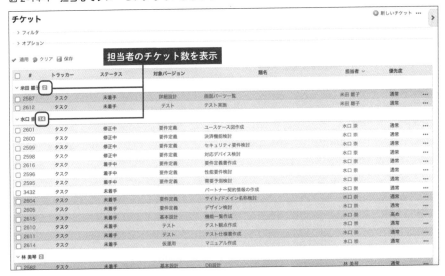

2-14-1　担当者ごとにチケットを表示する

「オプション」を開いてその中のグループ条件から「担当者」を選択し、適用ボタン
をクリックすると、担当者でまとめられます。

図 2-15-2　担当者でチケットがまとめて表示されたところ

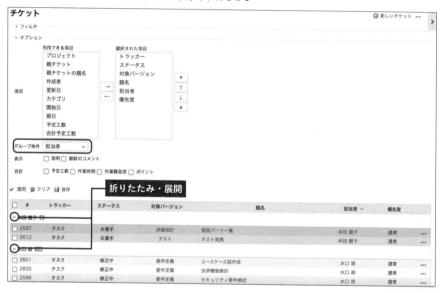

担当者名の左にある下向き矢印をクリックすると担当者で折りたたみ・展開ができま
す。

2-14-2　他の様々なグルーピング例

ステータスでグルーピング

ステータスでグルーピングすると、進捗ごとのチケットがわかりやすく表示できます。

図 2-14-3　ステータスでまとめたところ

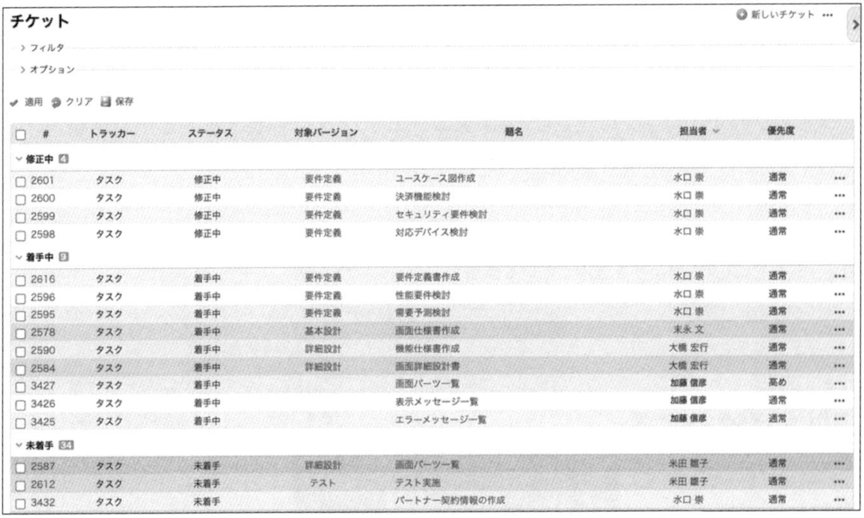

#	トラッカー	ステータス	対象バージョン	題名	担当者	優先度
修正中 4						
2601	タスク	修正中	要件定義	ユースケース図作成	水口 崇	通常
2600	タスク	修正中	要件定義	決済機能検討	水口 崇	通常
2599	タスク	修正中	要件定義	セキュリティ要件検討	水口 崇	通常
2598	タスク	修正中	要件定義	対応デバイス検討	水口 崇	通常
着手中 9						
2616	タスク	着手中	要件定義	要件定義書作成	水口 崇	通常
2596	タスク	着手中	要件定義	性能要件検討	水口 崇	通常
2595	タスク	着手中	要件定義	需要予測検討	水口 崇	通常
2578	タスク	着手中	基本設計	画面仕様書作成	末永 文	通常
2590	タスク	着手中	詳細設計	機能仕様書作成	大橋 宏行	通常
2584	タスク	着手中	詳細設計	画面詳細設計書	大橋 宏行	通常
3427	タスク	着手中		画面パーツ一覧	加藤 信彦	高め
3426	タスク	着手中		表示メッセージ一覧	加藤 信彦	通常
3425	タスク	着手中		エラーメッセージ一覧	加藤 信彦	通常
未着手 34						
2587	タスク	未着手	詳細設計	画面パーツ一覧	米田 麗子	通常
2612	タスク	未着手	テスト	テスト実施	米田 麗子	通常
3432	タスク	未着手		パートナー契約情報の作成	水口 崇	通常

優先度でグルーピング

優先度でグルーピングすると、チケットの優先度を俯瞰的に整理しやすくなるでしょう。

図 2-14-4　優先度でまとめたところ

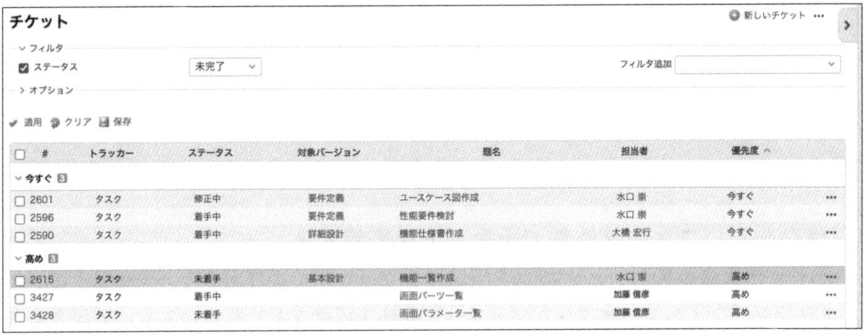

#	トラッカー	ステータス	対象バージョン	題名	担当者	優先度
今すぐ 3						
2601	タスク	修正中	要件定義	ユースケース図作成	水口 崇	今すぐ
2596	タスク	着手中	要件定義	性能要件検討	水口 崇	今すぐ
2590	タスク	着手中	詳細設計	機能仕様書作成	大橋 宏行	今すぐ
高め 3						
2615	タスク	未着手	基本設計	機能一覧作成	水口 崇	高め
3427	タスク	着手中		画面パーツ一覧	加藤 信彦	高め
3428	タスク	未着手		画面パラメーター一覧	加藤 信彦	高め

2-15

特定のフィルタを
ワンクリックで呼び出せるようにする
［カスタムクエリ］

チケットは、フィルタやオプションを活用し、様々な視点で日々確認していくことが重要です。

フィルタやオプションの設定は「**カスタムクエリ**」として保存することができます。「カスタムクエリ」を使うと、設定の再利用やプロジェクトメンバーとの共有がかんたんになります。

図 2-15-1　カスタムクエリを適用している画面

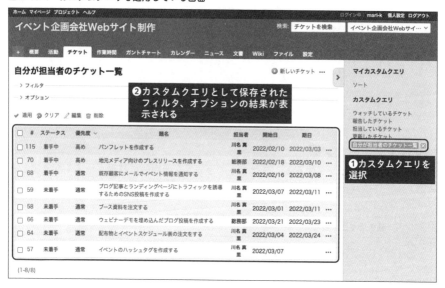

2-15-1　カスタムクエリを作成する

① 保存したいフィルタ条件でチケットを表示する

「自分が担当者のチケット一覧」など今後ワンクリックで呼び出したいチケットのフィルタリング（フィルタ・オプション・ソート条件・項目など）を行います。表示された

データを確認したら、「カスタムクエリを保存」ボタンをクリックしましょう。

図 2-15-2　保存したいフィルタ条件でチケットを表示

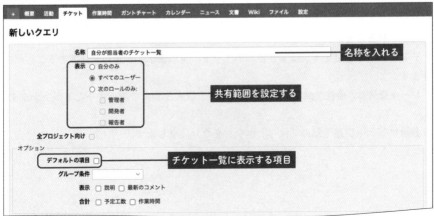

②新しいカスタムクエリを作成する

新しいカスタムクエリ作成画面に移ります。

図 2-15-3　新しいカスタムクエリ作成画面

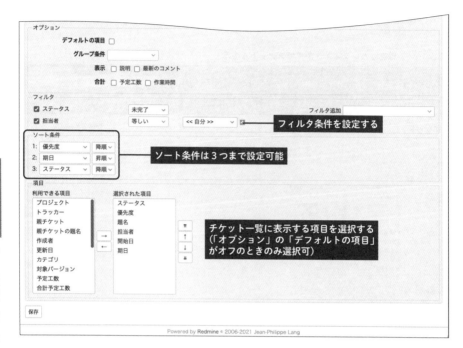

　名称にカスタムクエリの名前を入力すると、チケット一覧などのサイドバーに表示されます。

　表示では、カスタムクエリを共有する範囲を「自分のみ」「すべてのユーザー」などから選択しましょう。

　全プロジェクトで共有できる汎用的なクエリであれば「**すべてのユーザー**」にチェックを入れるとよいでしょう。

　「表示」で共有範囲を「**自分のみ**」に設定すると、**マイカスタムクエリ**として保存されます。マイカスタムクエリは、自分の画面にのみ表示され、他のプロジェクトメンバーと共有されることはありません。

　デフォルトの項目をオフにすると、チケット一覧に表示する項目を選択することができます。

　ソート条件は、優先度降順、開始日昇順など、**最大3つ**まで設定することができます。

　最後に、ページ最下部の「保存」ボタンをクリックします。

2-15-2　カスタムクエリを編集・削除する

　カスタムクエリを編集・削除したい場合は、先にカスタムクエリをクリックし呼び出すと、画面に編集リンクと削除リンクが表示されます。「編集」では、条件を修正したり、必要のないフィルタを削除したりすることができます。

図 2-15-4　編集するカスタムクエリを呼び出している画面

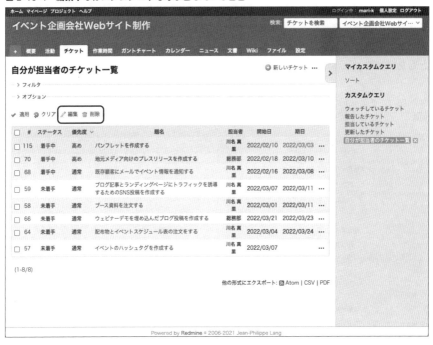

2-16

やるべきことを進めて
チケットを更新する

　やるべき作業内容が変わった時、担当を他の人に引き継ぐ時、進捗が進んだ時など、チケットの内容に変化があれば随時チケットを更新しましょう。チームで仕事をするうえでは、頻繁に更新をしておかないと、知らないうちに他のメンバーに影響していることもあります。

図 2-16-1　チケットのステータスを選択している様子

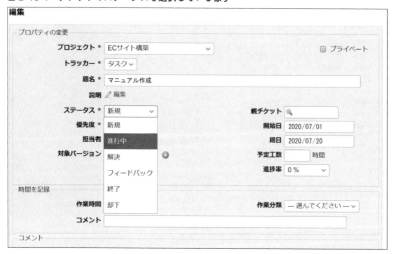

2-16-1　他のメンバーが把握できるようステータスを変更する

　タスクに着手したときは、そのチケットのステータスを「着手中」であることを示すものに変更します。全体の進捗を管理するプロジェクト管理者からは、チケット一覧を見るだけで今どの作業が進められているかがわかります。

図 2-16-2　着手中が分かるチケット一覧の様子

チケット　　　　　　　　　　　　　　　　　　　　　　　　　　　　　　　　⊕ 新しいチケット ・・・

∨ フィルタ
☑ ステータス　　　　　　等しい　∨　進行中　∨　⊞　　　　　　フィルタ追加　　　　　　　　　　∨
＞ オプション

✔ 適用 ⟲ クリア 🖫 保存

☐	# ∨	トラッカー	ステータス	優先度	題名	担当者	更新日	
☐	3055	タスク	進行中	通常	要件定義書作成	水口 崇	2020/03/02 01:14	・・・
☐	3053	タスク	進行中	通常	マニュアル作成	水口 崇	2020/03/08 16:32	・・・
☐	3044	タスク	進行中	通常	デザイン検討	水口 崇	2020/03/08 16:34	・・・
☐	3042	タスク	進行中	通常	サイト概要検討	水口 崇	2020/03/08 16:34	・・・
☐	3039	タスク	進行中	通常	決済機能検討	水口 崇	2020/03/08 16:34	・・・
☐	3038	タスク	進行中	通常	セキュリティ要件検討	水口 崇	2020/03/08 16:34	・・・
☐	3037	タスク	進行中	通常	対応デバイス検討	水口 崇	2020/03/08 16:34	・・・
☐	3036	タスク	進行中	通常	機能要件検討		2020/03/08 16:34	・・・
☐	3034	タスク	進行中	通常	需要予測検討	水口 崇	2020/03/08 16:34	・・・
☐	3032	タスク	進行中	通常	エラーログ出力設計	安井 久雄	2020/03/08 16:34	・・・
☐	3031	タスク	進行中	通常	アクセスログ出力設計	安井 久雄	2020/03/08 16:34	・・・

　チケットのステータスを変更するには、チケット詳細画面右上の「編集」をクリック
します。チケットのステータスを「進行中」に変えて、必要であればコメントも入力し、
画面左下の「送信」をクリックします。

図 2-16-3　チケットのステータスを変更し、コメントも見れる様子

プロパティの変更

プロジェクト＊ ECサイト構築　∨　　　　　　　　　　　☐ プライベート
トラッカー＊ タスク ∨
題名＊ 要件定義書作成
説明 ✐ 編集
ステータス＊ 進行中 ∨　　　　親チケット 🔍
優先度＊ 今すぐ ∨　　　　開始日 2020/02/01 ✕ ⇕ ▼
担当者 水口 崇 ∨　　　　期日 2020/04/10
対象バージョン 要件定義 ∨ ⊕　　　　予定工数 20.00 時間
　　　　　　　　　　　　　　　　進捗率 10 % ∨

時間を記録

作業時間 ▢ 時間　　　　作業分類 --- 選んでください --- ∨
コメント ▢

コメント

編集 プレビュー　B I U S C H1 H2 H3 ☰ ☰ ⇥ ⇤ pre ◇ 🖼 📷 ❓

着手はしたが、タスクが進められないところもある

☐ プライベートコメント

ファイル

ファイル選択 選択されていません　(サイズの上限: 5 MB)

送信 キャンセル

NOTE チケットのステータスだけを更新する場合

　ステータスや担当者変更など一つの項目を変更する場合は、**チケット一覧画面で任**意の行を右クリックする、もしくは各行の一番右側の「・・・」をクリックすることで、コンテキストメニューから簡単に更新ができます。

図 2-16-4　コンテキストメニューを開いている様子

2-17

コメントを入力して
他のメンバーとやり取りする

　他のメンバーとコミュニケーションしたり、状況を記録したりするために、チケット
の「**コメント**」を利用します。作業状況を記録しておくことで、他のメンバーが経緯を
理解したり、タスクを他のメンバーに引き継ぐことに役立ちます。

図 2-17-1　トップ画面で追記されたコメントが一覧で見える様子

2-17-1　なぜコメントを使うのか

　説明欄などは内容を変更すると、変更前の内容がトップ画面には表示されませんが「**コ
メント**」は履歴として一覧で見ることができます。時系列に履歴が表示されているため、
複雑なタスクや複数人で行うタスクにおいても、履歴のやりとりを参照してオンライン
で業務を進めることができます。

2-17-2　コメントの書き方

　コメントを追加したいチケットを開き、チケット詳細画面右上の「編集」をクリックします。編集画面が表示されるので「コメント」の欄に作業内容を入力します。「送信」ボタンをクリックすると、入力した「コメント」がチケット詳細画面に表示されます。同時に、チケットを他のメンバーに引き継ぐ時は担当者の変更も行います。

図 2-17-2　編集画面でコメントを記入している様子

図 2-17-3　追加したコメントが履歴に表示されている様子

また、コメントの内容を他のメンバーに見られないようにする場合は、プライベートコメントチェックボックスをオンにします（プライベートコメントについては 2-29「チケットのコメントを他のメンバーに見られないようにする」p.97 参照）。

2-17-3　コメントを装飾する

「コメント」のテキストは、Markdown か Textile の書式で装飾することができます。

Markdown や Textile はテキストに記号列を書き加えることで文書の構造や意味、処理などを記述するテキストを書く記法です。また、ファイルを添付したり、Wiki のリンクをつけることもできます（やり方については 2-4「テキスト装飾の書式（Markdown）」p.27 参照）。

チケットの更新

2-18

複数のチケットを
まとめて更新する

チケットを複数選択することで選択したチケットすべての情報を一括変更することが可能です。チケットの複数選択は**チケット一覧画面の左端**にあるチェックボックスをクリックします。

図2-18-1　チケットを複数選択している状態

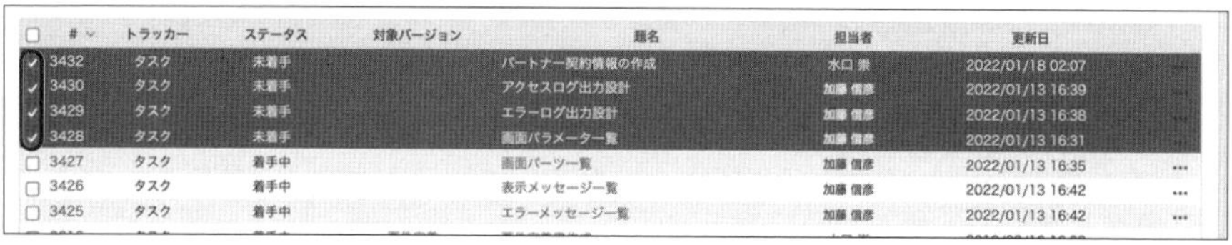

#	トラッカー	ステータス	対象バージョン	題名	担当者	更新日
✓ 3432	タスク	未着手		パートナー契約情報の作成	水口 崇	2022/01/18 02:07
✓ 3430	タスク	未着手		アクセスログ出力設計	加藤 信彦	2022/01/13 16:39
✓ 3429	タスク	未着手		エラーログ出力設計	加藤 信彦	2022/01/13 16:38
✓ 3428	タスク	未着手		画面パラメーター覧	加藤 信彦	2022/01/13 16:31
3427	タスク	着手中		画面パーツ一覧	加藤 信彦	2022/01/13 16:35
3426	タスク	着手中		表示メッセージ一覧	加藤 信彦	2022/01/13 16:42
3425	タスク	着手中		エラーメッセージ一覧	加藤 信彦	2022/01/13 16:42

2-18-1　単一の項目を変更する

更新したいチケットを選択し、**右クリック**でコンテキストメニューを表示します（右端にある「…」をクリックでもコンテキストメニューが表示されます）。ステータスや担当者などを選び、変更操作を行うと、選択しているすべてのチケットに対して変更が反映されます。

図2-18-2　コンテキストメニューを開きステータスを選択している状態

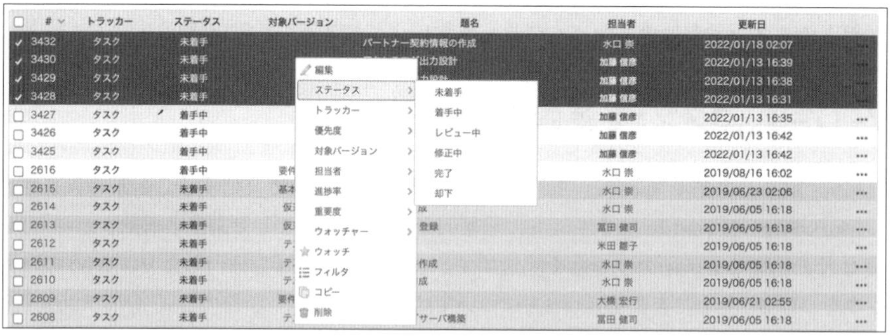

#	トラッカー	ステータス	対象バージョン	題名	担当者	更新日
✓ 3432	タスク	未着手		パートナー契約情報の作成	水口 崇	2022/01/18 02:07
✓ 3430	タスク	未着手		出力設計	加藤 信彦	2022/01/13 16:39
✓ 3429	タスク	未着手			加藤 信彦	2022/01/13 16:38
✓ 3428	タスク	未着手			加藤 信彦	2022/01/13 16:31
3427	タスク	着手中			加藤 信彦	2022/01/13 16:35
3426	タスク	着手中			加藤 信彦	2022/01/13 16:42
3425	タスク	着手中			加藤 信彦	2022/01/13 16:42
2616	タスク	着手中	要件		水口 崇	2019/08/16 16:02
2615	タスク	未着手	基本		水口 崇	2019/06/23 02:06
2614	タスク	未着手	仮		水口 崇	2019/06/05 16:18
2613	タスク	未着手	仮	登録	冨田 健司	2019/06/05 16:18
2612	タスク	未着手	デ		米田 龍子	2019/06/05 16:18
2611	タスク	未着手	デ	作成	水口 崇	2019/06/05 16:18
2610	タスク	未着手	デ	成	水口 崇	2019/06/05 16:18
2609	タスク	未着手	要		大橋 宏行	2019/06/21 02:55
2608	タスク	未着手	チ	サーバ構築	冨田 健司	2019/06/05 16:18

コンテキストメニュー：
- 編集
- ステータス ＞
  - 未着手
  - 着手中
  - レビュー中
  - 修正中
  - 完了
  - 却下
- トラッカー ＞
- 優先度 ＞
- 対象バージョン ＞
- 担当者 ＞
- 進捗率 ＞
- 重要度 ＞
- ウォッチャー ＞
- ☆ ウォッチ
- フィルタ
- コピー
- 削除

CHAPTER 2　チームにおけるタスク管理

2-18-2　複数の項目を一括で変更する

　複数の項目をまとめて編集したい場合は、更新したいチケットの左端のチェックボックスをすべてオンにし、右クリックで表示されるコンテキストメニューの「一括編集」をクリックします。すると「チケットの一括編集」画面が表示されるので必要な項目を編集し、「送信」ボタンをクリックすることで複数の項目を一括編集できます。

図 2-18-3　コンテキストメニューを開き編集を選択している状態

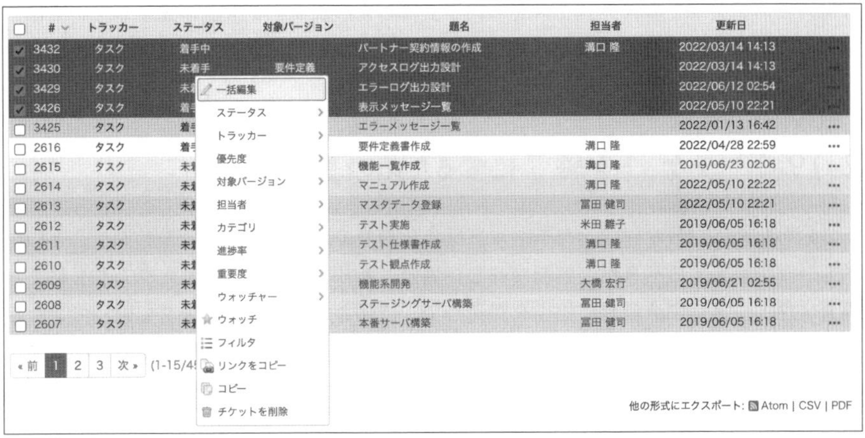

図 2-18-4　チケット一括編集画面

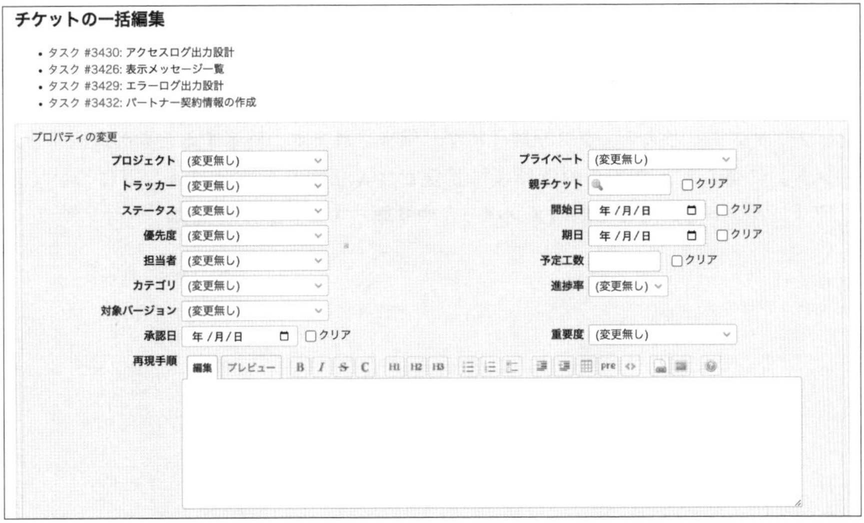

71

2-19

チケットを終了する

やるべきタスクを完了したり、質問に回答するなどチケットに記載された作業が終われば、そのチケットのステータスを「終了」にしましょう。タスクが完了しているはずなのに、未完了の状態で放置されたチケットが多くなると、チケット自体の信憑性も疑われ、途端にチケット管理が大変になってきます。

2-19-1　チケットを終了にするための基準

自分のために自分が作成したチケットは自分自身で終了しても構いませんが、どのタイミングで終了するべきか、判断が難しい場合もあります。依頼されたタスクを終えた場合には、タスクの依頼者に担当を変更して、依頼者が最終的にタスクを確認できたら終了にするなどの基準が必要です。あらかじめ終了する基準を明確にしておくには、説明文にタスクの完了条件を書いておくと良いでしょう（2-3「わかりやすいチケットを書く」p.25 参照）。

2-19-2　チケットを終了させる方法

終了にしたいチケットを開き、チケット詳細画面右上の「編集」をクリックします。編集画面が表示されるので、チケットのステータスを「終了」に変更し、「送信」ボタンをクリックするとステータスが終了になり保存されます。終了するときの理由を「コメント」に書くと、タスクの依頼者に状況がよく伝わります（コメントについては2-17「コメントを入力して他のメンバーとやり取りする」p.67 参照）。

図2-19-1　チケットのステータスを終了にするところ

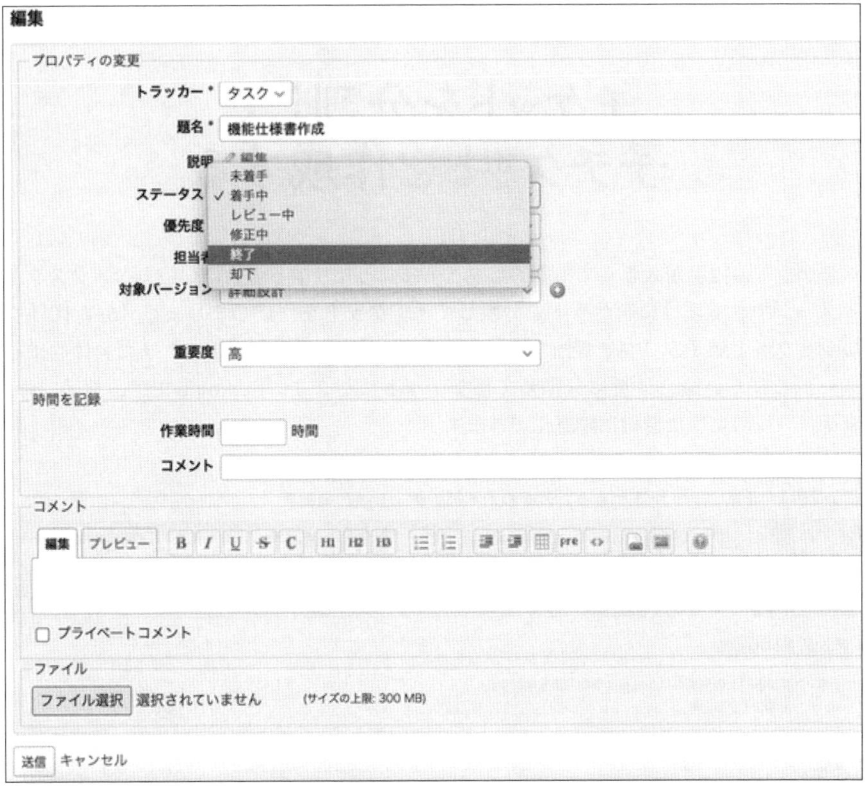

NOTE　終了したチケットを確認するには

　チケットを終了するとチケット一覧画面に表示されなくなります。終了したチケットを確認したい場合は、ステータスのフィルタで「完了」を選択すると表示されます。直近のものであれば活動画面でも確認ができます（2-10「完了したばかりのチケットを表示する」p.52 参照）

チケットの更新

73

2-20

チケットを分割して
子チケットを作成する

　チケットの粒度が大きくて抽象的なタイトルだったりする場合は、やるべきタスクがイメージできるようにチケットを分割して**子チケット**を作成しましょう（6/7-10「プロジェクトと親子タスクを理解する」も参照のこと）。子チケットでもまだ具体的にイメージしにくい場合は更に分割して**孫チケット**にします。Redmine では、親子、孫、ひ孫、……のように無限に階層化できます。

図 2-20-1　子チケットが 3 つあることがわかる親チケットの詳細画面

2-20-1　親子チケットの作り方

　タスクを細分化させるときは親チケットから子チケットを作っていきます。逆に、子チケットから親チケットを指定して関連付ける場合もあります。

親チケットから細分化する

　親チケットとなるチケット詳細画面から、子チケットという行にある一番右側の「追加」をクリックします。

図 2-20-2　チケット詳細の画面を開き子チケットを追加する様子

　そうすると、親と関連付けされた子チケット用の新しいチケット作成画面になります。すでに親となっているチケットの番号が親チケット欄に入力されているので、そのままチケットを作成すると、親子関係になります。

図 2-20-3　子チケットの新しいチケット作成画面

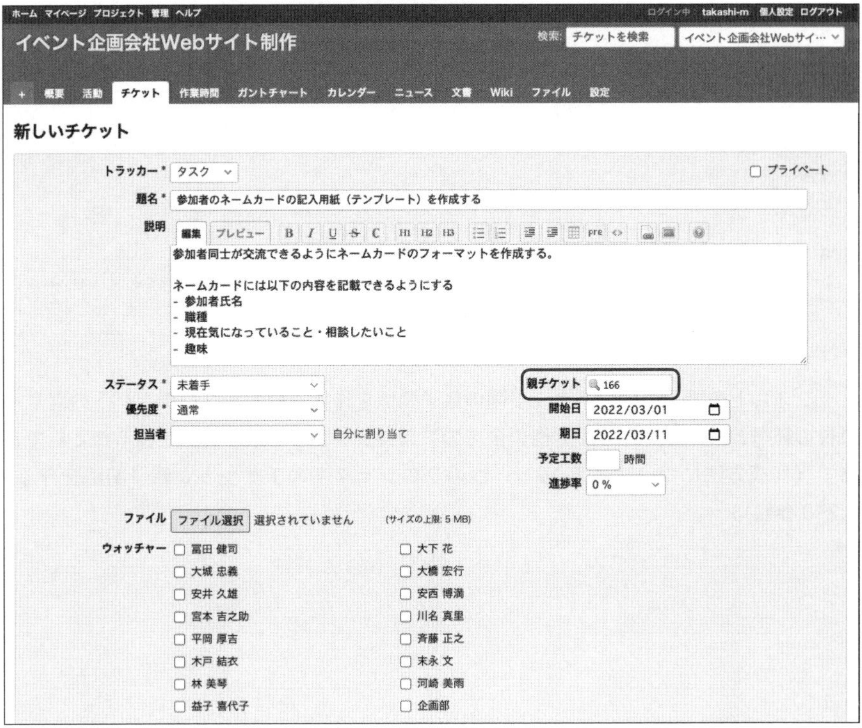

2-20-2　既存のチケットと親子チケット関係を作る

　子チケットを作ったあと、親として関連付けたいチケットがすでにある場合は、チケットの編集画面から親チケットにするチケットの ID か題名を検索して選択し、「送信」ボタンをクリックします。

図 2-20-4　子チケットから親チケットを検索している様子

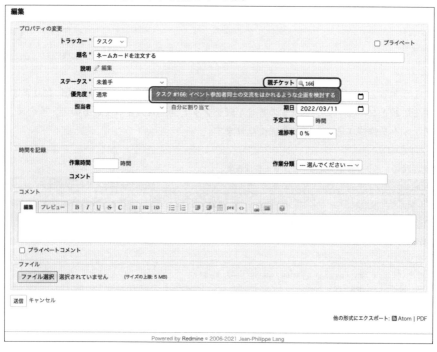

　デフォルトの設定では、チケット間の親子関係を作れる範囲がプロジェクトのツリー単位の範疇となっていますが、他の全てのプロジェクトとの親子関係を作ることもできます（作成方法については 5-12-2「他のプロジェクトのチケットと親子関係を作る」p.290 参照）。

2-21

親子チケットを確認する

　「チケット一覧で親チケットのみと思ってチケット詳細画面を開いたら、子チケットがたくさんあって驚いた」とならないように、普段から親子チケットを確認する習慣を付けましょう。親子チケットという階層関係を確認したい場合、**チケット詳細画面**や**チケット一覧画面**、**ガントチャート画面**で見ることができます。ガントチャートはWBSの階層表示に向いています。

図 2-21-1　孫まである3階層のガントチャート

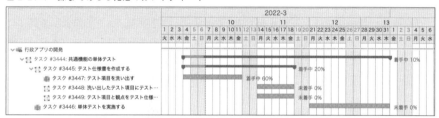

2-21-1　チケット詳細画面で確認する

　親チケットのチケット詳細画面で、子チケットの題名やステータス、担当者、進捗等が一覧で表示されており、確認できます。子チケットの右端の操作 ··· をクリックすると、子チケットの操作も可能です。

図 2-21-2　チケット詳細画面

タスク #3444	未完了						✎編集 🕓時間を記録 ★ウォッチ □コピー ···

共通機能の単体テスト
加藤 信彦 さんが [2022/03/06 15:17] 約2時間 前に追加. [2022/03/06 15:32] 約2時間 前に更新.

ステータス:	着手中		開始日:	2022/03/04
優先度:	通常		期日:	2022/03/31 (期日まで 25日)
担当者:	加藤 信彦		進捗率:	10%
対象バージョン:	-		予定工数:	(合計: 0.00時間)
コメント:			ポイント:	
作業難易度:			スクリーンショット:	

子チケット を (5件未完了 ― 0件完了)　　　　　　　　　　　　　　　　　　　　　　　　　　追加

タスク #3446: テスト仕様書を作成する	着手中	加藤 龍彦	2022/03/04	2022/03/18		⊕ ···
〉タスク #3447: テスト項目を洗い出す	着手中	宮本 吉之助	2022/03/04	2022/03/11		⊕ ···
〉タスク #3448: 洗い出したテスト項目にテスト観点を設定する	未着手	加藤 信彦	2022/03/14	2022/03/18		⊕ ···
〉タスク #3449: テスト項目と観点をテスト仕様書に記載する	未着手	加藤 龍彦	2022/03/14	2022/03/18		⊕ ···
タスク #3446: 単体テストを実施する	未着手	宮本 吉之助	2022/03/21	2022/03/31		⊕ ···

2-21-2　ガントチャート画面で確認する

ガントチャート画面を表示させると、題名の列が階層表示になっており、親子関係が一目瞭然です。孫、ひ孫…も表示されるうえ、周囲の親子関係も俯瞰的に確認できます。

図 2-21-3　親子関係がわかるガントチャート画面

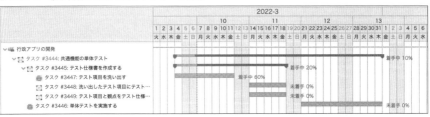

2-21-3　チケット一覧画面で確認する

チケット一覧画面では、デフォルトでチケット ID の降順でフラットに表示されていて、親子チケットとして階層表示されません（ほとんどのケースで親チケットの後に子チケットを作るため、ID の降順では子チケットが上位に位置するため）。

以下の①〜④を順に行うことで、親子関係が分かる階層を表示させることができます。

① オプションの利用できる項目にある「親チケット」を選択された項目に移動させる。
② 選択された項目の「親チケット」を一番上に位置させる。
③「適用」ボタンをクリックすることで「親チケット」が一覧に表示される。
④「親チケット」をクリックして降順で並び替えを行う。

図 2-21-4　親子関係がわかるチケット一覧画面

> オプション

✔ 適用　 クリア　 保存

#	親チケット ∨	トラッカー	ステータス	対象バージョン	題名
3444		タスク	着手中		共通機能の単体テスト
3445	タスク #3444	タスク	着手中		＞ テスト仕様書を作成する
3447	タスク #3445	タスク	着手中		＞ テスト項目を洗い出す
3448	タスク #3445	タスク	未着手		＞ 洗い出したテスト項目にテスト観点を設定する
3449	タスク #3445	タスク	未着手		＞ テスト項目と観点をテスト仕様書に記載する
3446	タスク #3444	タスク	未着手		＞ 単体テストを実施する

上記表示を**カスタムクエリ**として保存しておくと良いでしょう（カスタムクエリの作成方法は 2-15「特定のフィルタをワンクリックで呼び出せるようにする［カスタムクエリ］」p.60 参照）。

2-22

関係しあうチケットを
辿りやすくする

　それぞれの独立したチケットを関連付けて見える化することで、担当者がタスクに対応する際に、関連付いているチケットも同時に意識させることができます。

図 2-22-1　関連付けられているチケット詳細画面

タスク #2592 未着手						編集　時間を記録　☆ ウォッチ　コピー…
アクセスログ出力設計						‹ 前 | 31/47 | 次 ›
水口 司 さんが [2019/06/05 16:16] 2年以上 前に追加. [2022/01/26 22:53] 1分未満 前に更新.						
ステータス:	未着手			開始日:	2019/07/01	
優先度:	通常			期日:	2019/07/08 (2年以上 遅れ)	
担当者:	安井 久雄			進捗率:	0%	
対象バージョン:	詳細設計			予定工数:		
重要度:				承諾日:		
子チケット						追加
関連するチケット						追加
関連している EC サイト構築 - タスク #2593: エラーログ出力設計		未着手	安井 久雄	2019/07/09	2019/07/16	…

2-22-1　なぜ関連付けるのか

　チケットを関連付けることで以下のメリットがあります。

- 似た課題に対して異なるチケットが作成されている場合、それらを関連付けておくことで、1 つのチケットの解決策が見つかると、関連するチケットの解決にも繋がる。
- 修正すべきチケットが発生した場合、関連付けている先のチケットも修正する必要があるかということに気が付きやすくなる。
- 関連付けている先のチケットからも着手状況や進捗状況を確認することができ、進捗確認をしたり、そのチケットに着手すべき時期をはかることができる。

2-22-2　チケットを関連付ける

　チケットの関連付けは、以下の①〜③の操作によって行うことができます。

① 関連させたい元のチケットの ID かチケットの題名を控えておきます。
② 関連付けしたいチケット画面の詳細にある「関連するチケット」エリアの右端の「追加」をクリックします。

③プルダウンから「関連している」を選択し、控えていたチケットの ID か題名を指定して、「追加」をクリックします。

図 2-22-2　「関係している」を選択し、チケット ID を入力した状態

2-22-3　関連付けたチケットを操作する

　チケットを関連付けておくと、チケット詳細画面で、関連しているチケットが見えるだけでなく、チケットの更新も行えるようになります。「関連するチケット」エリアの右端にある「・・・」を選択し、コンテキストメニューから編集したい項目を操作しましょう。

図 2-22-3　関連しているチケットのコンテキストメニューを表示しているところ

2-22-4　チケットの関連付けを削除する

　「関連するチケット」エリアの右端にある（鎖が切断されたような）アイコンをクリックすると、関連を削除することができます。

2-23

関連タスクを
順序通りの日程にする

　順番を守って進めたい複数のタスク同士を関連付けることで、先行タスクの日程変更に合わせ、後続タスクの日程を自動的に変更することができます。このような設定を済ませておくと、ガントチャート画面で、先行タスク - 後続タスク間に青矢印が表示され、関連性がわかりやすくなります。

図 2-23-1　先行・後続の矢印が見えているガントチャートの画面

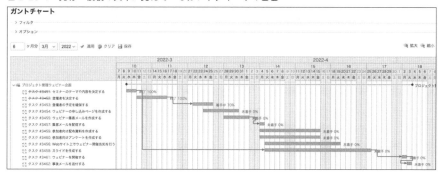

2-23-1　先行・後続の関連付けをする

　A → B の順で進めたいタスクがある場合、B のタスクを A の後続になるように関連付けします。

　B チケットのチケット詳細画面を開き、「関連するチケット」で「次のチケットに後続」を選択します。次に、B の前に行う A チケットの ID を入力し追加をクリックします。

※逆に、先行するタスク（A）から関連付けさせたい場合は、A のチケット詳細画面の「関連するチケット」から「次のチケットに先行」を選ぶようにしてください。

図 2-23-2　関連するチケットから後続チケットを選択する画面

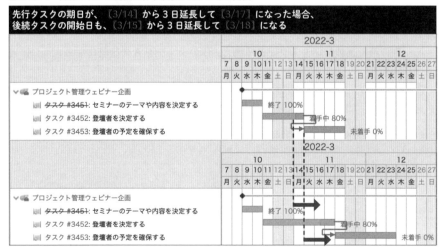

タスク #3453　[未完了]

登壇者の予定を確保する
加藤 信彦 さんが [2022/03/09 21:02] 26分 前に追加. [2022/03/09 21:28] 1分未満 前に更新

ステータス:	未着手	開始日:	2022/03/11
優先度:	通常	期日:	2022/03/16 (期日まで 7日)
担当者:	加藤 信彦	進捗率:	0%
		予定工数:	

子チケット　　　　　　　　　　　　　　　　　　　　　　　　　　　　　　　追加

関連するチケット　　　　　　　　　　　　　　　　　　　　　　　　　　　　追加

次のチケットに後続 ∨ チケット # 🔍 3452　遅延：　　　日 追加 キャンセル
　　　　　　　　　タスク #3452: 登壇者を決定する

関連付けが追加されると、後続チケット（B）の開始日が、先行チケット（A）の期
日の1日後に自動変更されます。

図 2-23-3　先行チケットの追加で自動的に開始日が変更される

タスク #3453　[未完了]

登壇者の予定を確保する
加藤 信彦 さんが [2022/03/09 21:02] 28分

開始日が自動的に【先行チケットの期日の1日後】へ変更される

ステータス:	未着手	開始日:	2022/03/17
優先度:	通常	期日:	2022/03/22 (期日まで 13日)
担当者:	加藤 信彦	進捗率:	0%
		予定工数:	

子チケット　　　　　　　　　　　　　　　　　　　　　　　　　　　　　　　追加

関連するチケット　　　　　　　　　　　　　　　　　　　　　　　　　　　　追加

次のチケットに後続 プロジェクト管理ウェビナー企画 - タスク #3452: 登壇者を決定する　　　未着手　加藤 信彦　2022/03/11　2022/03/16

チケットの先行・後続が関連付けられていると、先行するチケットの期日変更に伴っ
て、後続チケットの開始日がその分自動的に変更されます。

図 2-23-4　先行タスクの延長に伴う後続タスクの自動延長

先行タスクの期日が、【3/14】から3日延長して【3/17】になった場合、
後続タスクの開始日も、【3/15】から3日延長して【3/18】になる

先行タスクと後続タスクの間に3日のバッファを設けたい時は

　先行するタスクの期日と、次のタスクの開始日にバッファを設けたい場合は、「遅延」に、バッファとなる日数（ここでは3）を入力します。

図 2-23-5　関連するチケットで遅延の日数を入力する

　遅延を設定することで「タスクAの期日から3営業日後にタスクBを開始する」といった指定ができ、タスク間のバッファ日数を保つ指定ができます。タスクAの完了が遅れた場合は、タスクBの開始日もバッファ日を保った状態で、リスケジュールが可能となります。

図 2-23-6　後続タスクまでのバッファが3日ある

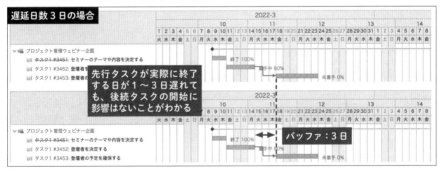

NOTE　後続チケットの開始日は先行チケットの期日より前に設定できない

　後続チケットの開始日を、先行チケットの期日（遅延含む）より前に設定することはできません。設定しようとするとエラーが表示されますので、先行チケットの期日（遅延含む）を確認してください。

　デフォルトの設定では、異なるプロジェクト間のチケットを先行・後続で関連付けることはできません。プロジェクトをまたいでチケットを関連させる場合は、設定を変更する必要があります（5-12「チケットトラッキングの設定を行う」p.289参照）。

2-23-2　クリティカルパスが分かる

　プロジェクト管理においては、クリティカルパスに関係するすべてのチケットを先行・後続で関連付けておくことで、変動が生じても支障のないタスクと、遅れが出ることで直接プロジェクトの納期に影響が出る一連のタスク（＝クリティカルパス）の把握に役立ちます。

図2-23-7　関連付けによってガントチャート画面でクリティカルパスを把握できる

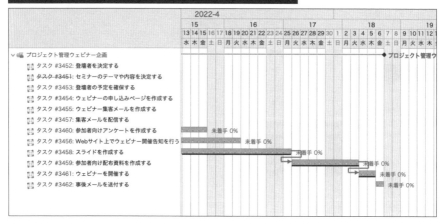

2-24

関連タスクの
日程を固定して
順序通りにする

　複数のタスクを進めるとき、あるタスクの日程変更があっても続くタスクの日程はそのままにしたい場合、「ブロック」機能で後続タスクの開始日を固定することができます。ガントチャート画面でも赤矢印で関連性を確認することができます。

図 2-24-1　ブロックの矢印が見えているガントチャート画面

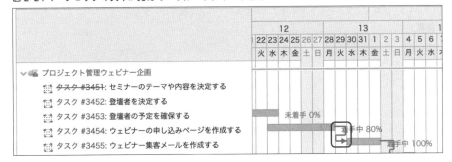

2-24-1　ブロックの関連付けをする

　A → B の順で進めるタスクであっても、A の日程に影響されず B をスケジュール通りに進めるべきケースもあります。

　この場合、A の実際の完了日にかかわらず B の開始日は動かないようにするため、A のチケット詳細画面を開き、「関連するチケット」で「ブロック先」を選び、B チケットの ID を入力します。

　A・B チケット間がブロックされると、A の期日が遅れても B の開始日は元のままです。また、A チケットが「進行中」のステータスであっても、B チケットを「進行中」や「解決」のステータスに変更することができます。

図 2-24-2　関連するチケットからブロック先を選択する

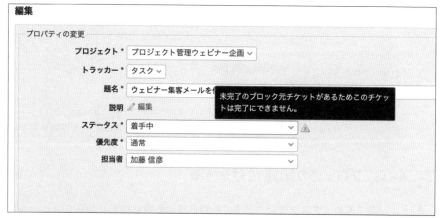

　ただし、A チケットが B チケットに先行しているため、A チケットを完了しない限り
B チケットを「完了」にすることはできません。日程は連動していなくてもステータス
としての順序を守りたい場合に、ブロックを活用することができます。

図 2-24-3　ブロック元チケットが未完了なのでステータスを終了にできない

NOTE　プロジェクトをまたいだチケットの関連付け

　デフォルトの設定では、異なるプロジェクト間のチケットを先行・後続で関連付け
ることはできません。プロジェクトをまたいでチケットを関連させる場合は、設定を
変更する必要があります（5-12「チケットトラッキングの設定を行う」p.289 参照）。

2-25

課題は同じだが
別々のチケットとして管理する

内容が重複しているチケットを関連付けて、片方が終了したら、もう一方も終了させることができます。

たとえば、営業チームとして「100万円を売り上げる」というチケットがあったとします。営業のAさんには1社で100万円受注するチケットをアサインし、Bさんには5社から20万円ずつ受注するチケットをアサインします。どちらも100万円を売り上げるという課題は重複しています。このような場合は、**重複の関連付け**を行います。AさんかBさんのいずれかがタスクを完了すれば、営業チームの100万円を売り上げるチケットも完了となります。

図 2-25-1　重複するチケットをガントチャート画面で確認

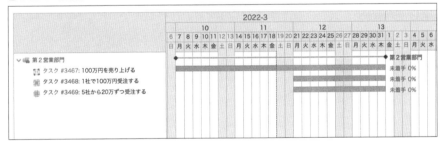

2-25-1　重複の関連を付ける

チケット詳細画面の、関連するチケットで「次のチケットと重複」を選択し、もう一方のチケットIDを入力します。

図 2-25-2 関連するチケットから重複しているものを選択する画面

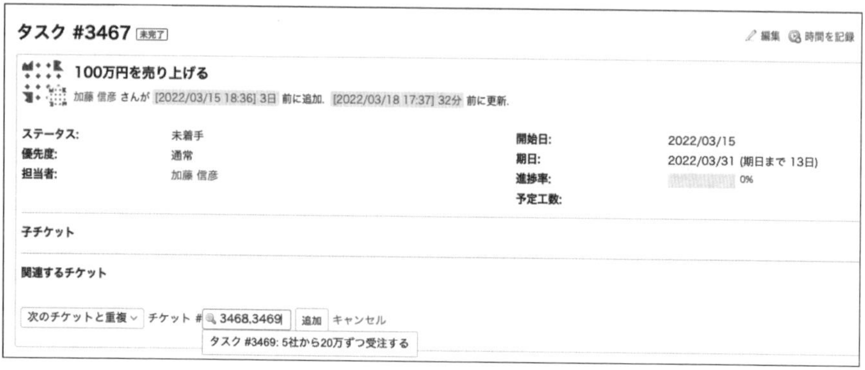

タスク #3467 未完了
編集
時間を記録
100万円を売り上げる
加藤 信彦 さんが [2022/03/15 18:36] 3日 前に追加. [2022/03/18 17:37] 32分 前に更新.
ステータス:
未着手
優先度:
通常
担当者:
加藤 信彦
開始日:
2022/03/15
期日:
2022/03/31 (期日まで 13日)
進捗率:
0%
予定工数:
子チケット
関連するチケット
次のチケットと重複
チケット #
3468,3469
追加
キャンセル
タスク #3469: 5社から20万ずつ受注する

重複の関連付けをすることで、どちらかのステータスを「終了」に変更すると、もう一方も連動して終了します。

この例では、「1社で100万円受注する」チケットを「終了」にしたら、「100万円を売り上げる」チケットも終了となります。

図 2-25-3　両方が「終了」になっている状態の画面

タスク #3468 完了
編集
時間を記録
ウォ
1社で100万円受注する
加藤 信彦 さんが [2022/03/15 18:37] 3日 前に追加. [2022/03/18 18:15] 1分未満 前に更新.
ステータス:
終了
優先度:
通常
担当者:
甲斐 孝治
開始日:
2022/03/21
期日:
2022/03/31
進捗率:
0%
予定工数:
子チケット
関連するチケット
次のチケットが重複 第2営業部門 - タスク #3467: 100万円を売り上げる
終了
加藤 信彦
2022/03/15
2022/03/31

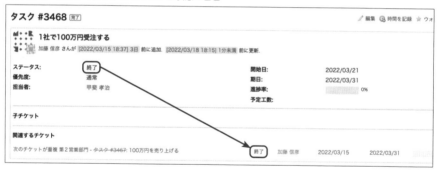

NOTE　連動するのは「終了」ステータスのみ

2つのチケットは新規、進行中など「終了」以外のステータスでは連動しません。

NOTE　プロジェクトをまたいだチケットの関連付け

デフォルトの設定では、異なるプロジェクト間のチケットを先行・後続で関連付けることはできません。プロジェクトをまたいでチケットを関連させる場合は、設定を変更する必要があります（5-12「チケットトラッキングの設定を行う」p.289参照）。

NOTE 重複しているチケットを連動して終了させたくないときは

「管理」→「設定」→「チケットトラッキング」の「重複しているチケットを連動して終了」オプションをオフにすると、片方のチケットを終了しても、重複している他のチケットを自動的に終了しないように設定できます。このオプションは 4.0.0 以降のバージョンで利用可能です。

2-26

チケット更新時に 通知されるようにする ［ウォッチ］

Redmine の**ウォッチ**を使うと、ウォッチ対象のチケットが更新されたときに、メール通知を受け取ることができます。自ら通知を受け取りたいチケットをウォッチしたり、通知を送りたいメンバーを**ウォッチャー**として設定したりすることで、そのメンバーにチケットをウォッチさせることができます。

図 2-26-1　チケット詳細にあるウォッチが表示されている様子

図 2-26-2　新しいチケット画面でウォッチャーを設定している様子

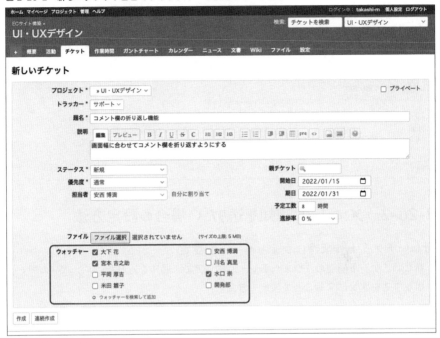

2-26-1　自分が通知を受け取る場合の設定方法

　自分が通知を受け取りたいチケットをウォッチするには、**チケット詳細画面の右上の**メニューにある「**ウォッチ**」をクリックしてください。「★」マークがグレーから黄色に変わり、ラベルが「ウォッチ」から「ウォッチをやめる」に変わります。

　ウォッチを解除するには、「**ウォッチをやめる**」をクリックしてください。

図 2-26-3　ウォッチが設定されていない状態

図 2-26-4　ウォッチが設定されている状態

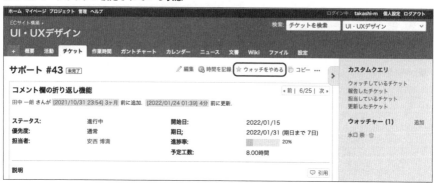

2-26-2　メンバーに通知を送りたい場合の設定方法

新しいチケット作成時にウォッチャーを設定

　新しいチケット画面の「ウォッチャー」エリアで、通知を送りたいメンバーのチェックボックスをオンにすることで設定できます。

図 2-27-5　新しいチケット作成時にウォッチャーを設定

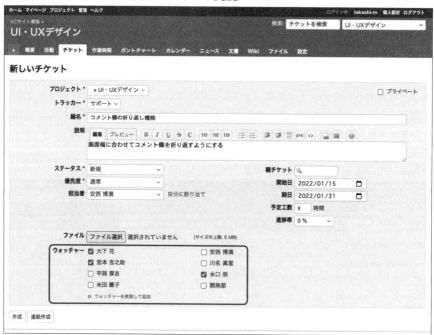

作成済みのチケットにウォッチャーを追加

チケット詳細画面の右サイドエリアにある「ウォッチャー」で、通知したいメンバーの追加や削除を行えます。

図 2-26-6　作成済みチケットの更新時にウォッチャーを追加①

図 2-26-7　作成済みチケットの更新時にウォッチャーを追加②

チケットをウォッチすると、自分に直接関係のないチケット（自分が作成しておらず担当者でもないチケット）が更新されたときでもメール通知を受けられるため、状況を知っておきたいチケットや重要なチケットをウォッチできます。

マイページ画面に「ウォッチしているチケット」を追加しておくと、ウォッチしているチケットの一覧をすぐに参照できます。

また、チケットだけでなく、フォーラムや Wiki ページもウォッチすることができます。

2-27
期日が迫ったチケットを
メール通知する
［リマインダー］

　期日が迫っているか、もしくは過ぎてしまっているチケットの一覧のメール通知を受け取ることができます。

図 2-27-1　3 件の期日が迫っているチケットの一覧が表示されている通知メール

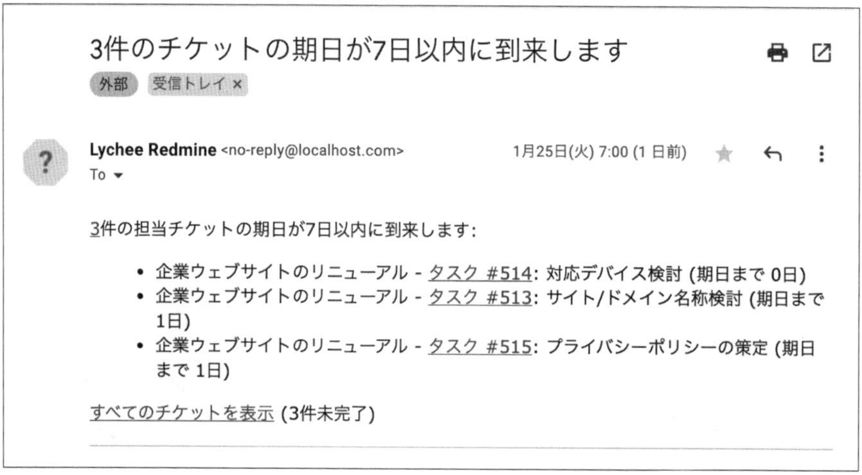

　メール通知される条件として、チケットの期日の何日前から通知するか、通知対象のトラッカーやプロジェクトなどを指定することができます。

　リマインダーの設定方法は 5-24「リマインダー（メール通知）を設定する」p.338 を参照してください。

2-28

チケットを他のメンバーに
見られないようにする

チケットをプライベートに設定することで他の人に見られなくすることができます。同じプロジェクトのメンバーに社外のメンバーがいる場合、社外秘情報を含むチケットをプライベートチケットとして扱うことができます。

図 2-28-1　プライベートチケットの概念図

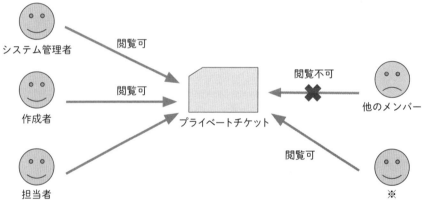

※他のメンバーも、「表示できるチケット」が「すべてのチケット」のロールでプロジェクトに参加している場合は閲覧可

ただし、自分以外のユーザーから全く見られなくなるわけではなく、以下のユーザーはプライベートチケットを閲覧することができます。

・チケットの作成者と担当者
・すべてのチケットを見ることができるロールで同じプロジェクトのメンバー
・システム管理者

なお、すべてのチケットを見ることができるロールについては 5-18「ロールと権限を設定する」p.310 を参照してください。

2-28-1　チケットをプライベートにする

　チケットをプライベートにするには、新しいチケット画面またはチケット編集画面の右上にある「プライベート」チェックボックスをオンにしてください。

　プライベートチケットは題名の右横に「プライベート」と表示されます。

図 2-28-2　チケットをプライベートチケットとして設定している様子

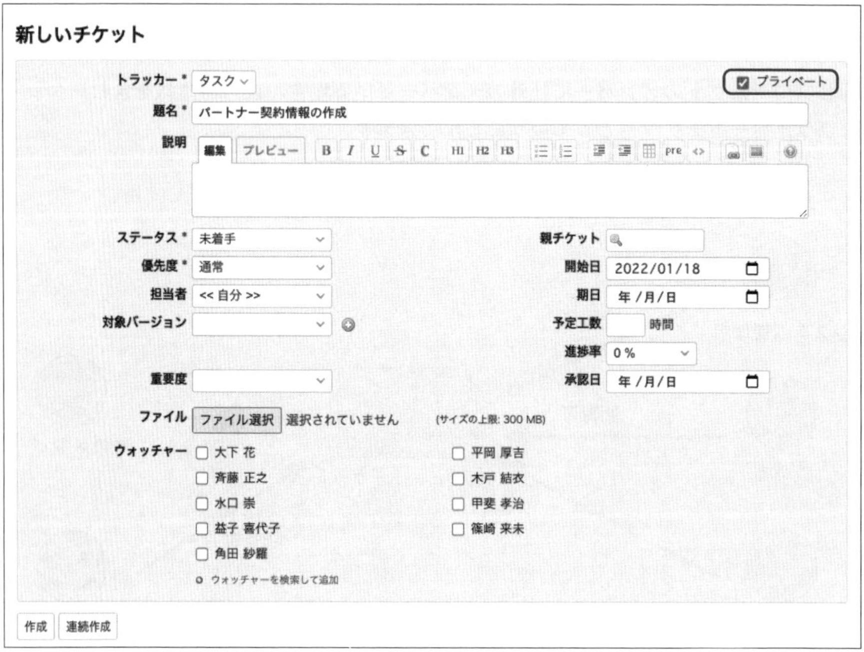

図 2-28-3　チケット詳細画面では題名の右側に「プライベート」と表示される

プライベートチケット

2-29

チケットのコメントを他のメンバーに 見られないようにする

プ ラ イ ベ ー ト チ ケ ッ ト

　チケットのコメントをプライベートに設定することで他の人に見られなくすることが できます。同じプロジェクトメンバーに社外のメンバーが居る場合、社外秘情報を含む コメントをプライベートコメントとして扱うことができます。

図 2-29-1　プライベートチケットの概念図

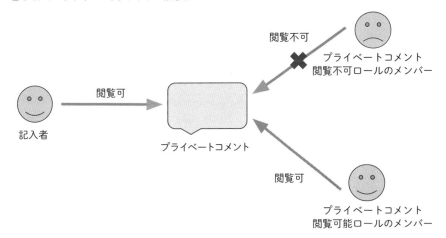

　ただし、自分以外のユーザーから全く見られなくなるわけではなく、以下のユーザー はプライベートコメントを閲覧することができます。

・チケットコメントの記入者
・プライベートコメントの閲覧権限のあるロールで同じプロジェクトのメンバー
・システム管理者

　なお、プライベートコメントの閲覧権限のあるロールについては 5-18「ロールと権 限を設定する」p.310 を参照してください。

2-29-1 チケットのコメントをプライベートにする

　チケットのコメントをプライベートにするには、コメントの追加または編集の際に、「プライベートコメント」チェックボックスをオンにしてください。

　プライベートコメントはコメント履歴情報のところに「プライベート」と表示されます。

図 2-29-2　プライベートコメントを記入している様子

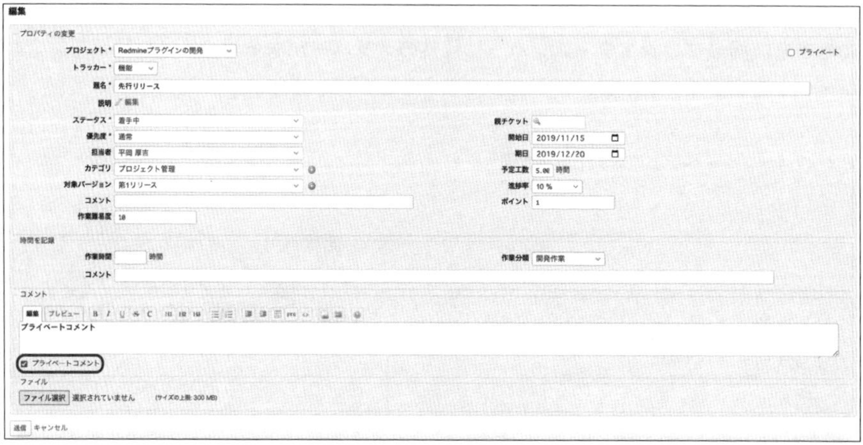

図 2-29-3　コメントの履歴情報でコメントの上側に「プライベート」と表示される

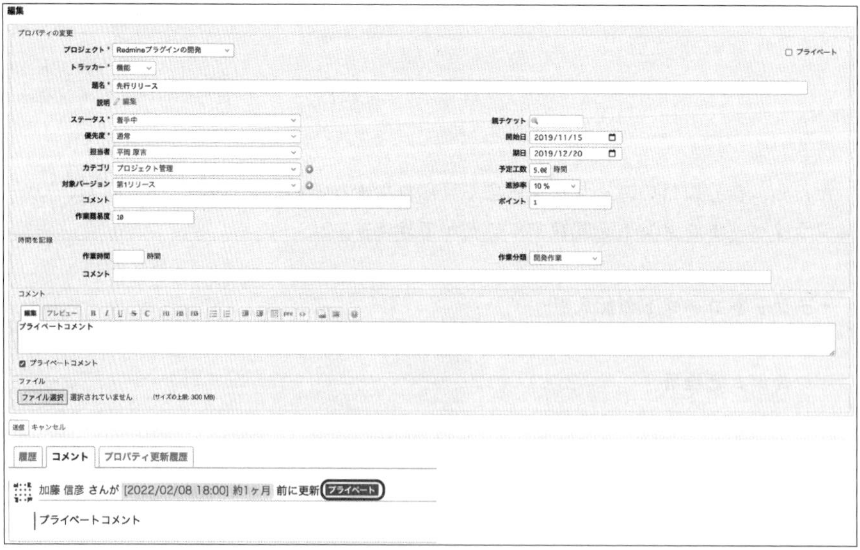

2-30

作業時間を記録する

Redmine では、チケットの作業に要した時間を記録できます。記録した時間は Redmine 上で集計され、工数管理が可能になります（4-27「作業工数を集計する」p.237 参照）。

図 2-30-1　チケット詳細画面に作業時間が表示されている状態

2-30-1　作業時間の記録方法

ワークフローが進みステータスが変わるときに、作業時間を記録する場合は、チケットの編集画面でステータスの変更とともに、時間を記録します。

図 2-30-2　チケット編集画面の作業時間部分にフォーカスしたイメージ

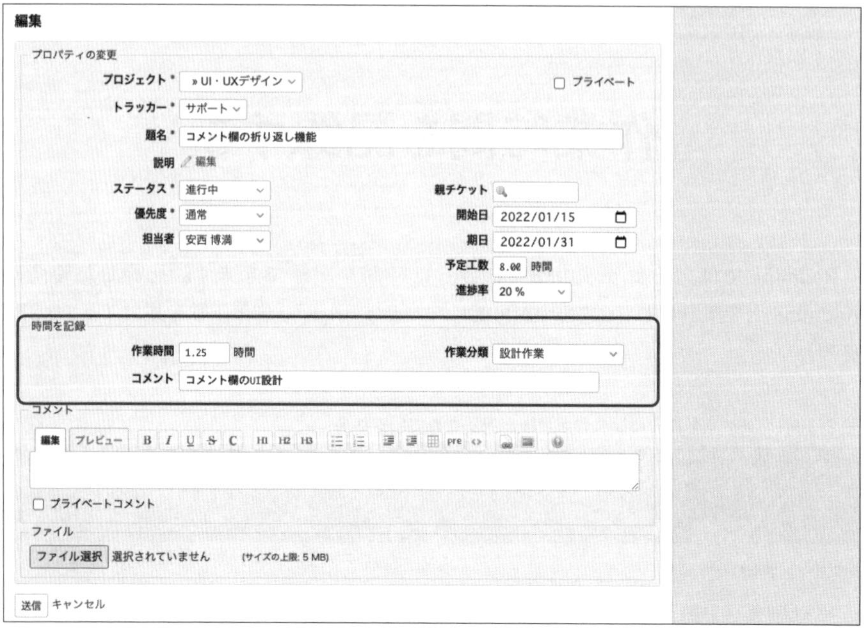

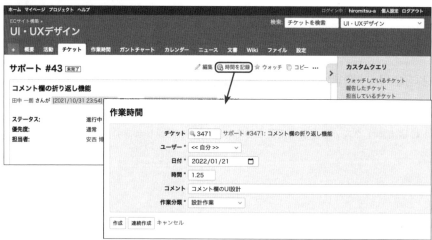

作業はしたものの、特にステータスの変更はなく作業時間の記録のみをしたい場合は、チケットの詳細画面の右上から「時間を記録」をクリックすると、作業時間を記録する画面に遷移します。

図 2-30-3　作業時間の入力画面

2-31

REST APIでチケットを登録する

REST API は、外部のアプリケーションが、Redmine 上のチケットや Wiki などの情報を更新したり取得したりなどするための仕組みです。

図 2-31-1　API リクエストとレスポンスの様子

（リクエスト）

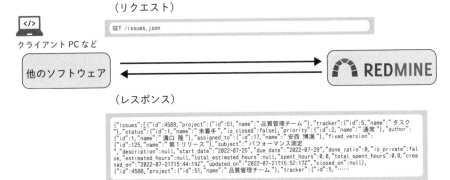

```
GET /issues.json
```

クライアント PC など

他のソフトウェア

REDMINE

（レスポンス）

```
{"issues":[{"id":4589,"project":{"id":51,"name":" 品質管理チーム "},"tracker":{"id":5,"name":" タスク
"},"status":{"id":1,"name":" 未着手 ","is_closed":false},"priority":{"id":2,"name":" 通常 "},"author":
{"id":1,"name":" 溝口 陸 "},"assigned_to":{"id":17,"name":" 安西 博満 "},"fixed_version":
{"id":125,"name":" 第 1 リリース "},"subject":" パフォーマンス測定
","description":null,"start_date":"2022-07-25","due_date":"2022-07-29","done_ratio":0,"is_private":fal
se,"estimated_hours":null,"total_estimated_hours":null,"spent_hours":0.0,"total_spent_hours":0.0,"crea
ted_on":"2022-07-21T15:44:19Z","updated_on":"2022-07-21T15:52:17Z","closed_on":null},
{"id":4588,"project":{"id":51,"name":" 品質管理チーム "},"tracker":{"id":5,"……
```

2-31-1　API を有効にする

「管理」→「設定」画面の「API」タブを開きます。
「REST による Web サービスを有効にする」をオンにします。

図 2-31-2 「管理」→「設定」画面の「API」タブ

2-31-2　API アクセスキーの取得

REST API を利用する際は、API アクセスキーを使って認証を行います。

自分の API アクセスキーは、個人設定サイドバーの API アクセスキー欄にある「表示」をクリックすると、確認できます。

図 2-31-3　個人設定画面の API アクセスキーの表示

2-31-3　REST API でチケット一覧の取得

REST API を試すときに便利なコマンドラインツール「curl（カール）」を使って、コマンドラインから REST API を実行する例を示します。

チケットの一覧データを取得するには、GET リクエストを送ります。

```
curl https://ホスト名/issues.json -H 'X-Redmine-API-Key:{APIアクセスキー}'
```

2-31-4 チケットの作成

新しいチケットを作成するには、POST リクエストを送ります。

```
curl -X POST https://ホスト名/issues.json -d '{"issue": {"project_id": 1,
"subject": "タイトル", "tracker_id": 1, "description": "説明"}}' -H "Content-
Type: application/json" -H 'X-Redmine-API-Key:{APIアクセスキー}'
```

2-31-5 チケットの更新

既存のチケットを更新するには、URL で更新対象チケットの ID を指定して PUT リ
クエストを送ります。

```
curl -X PUT https://ホスト名/issues/3.json -d '{"issue": {"subject": "タイトル変
更"}}' -H "Content-Type: application/json" -H 'X-Redmine-API-Key:{APIアクセス
キー}'
```

2-32

チケットの情報をCSVファイルに エクスポートする

チケットの情報は CSV ファイルとしてダウンロードして保存することができます。CSV ファイルを表計算ソフトを使って見やすい形で参照したり、分析したりできます。

図 2-32-1　ダウンロード後にチケット情報を Excel で参照する

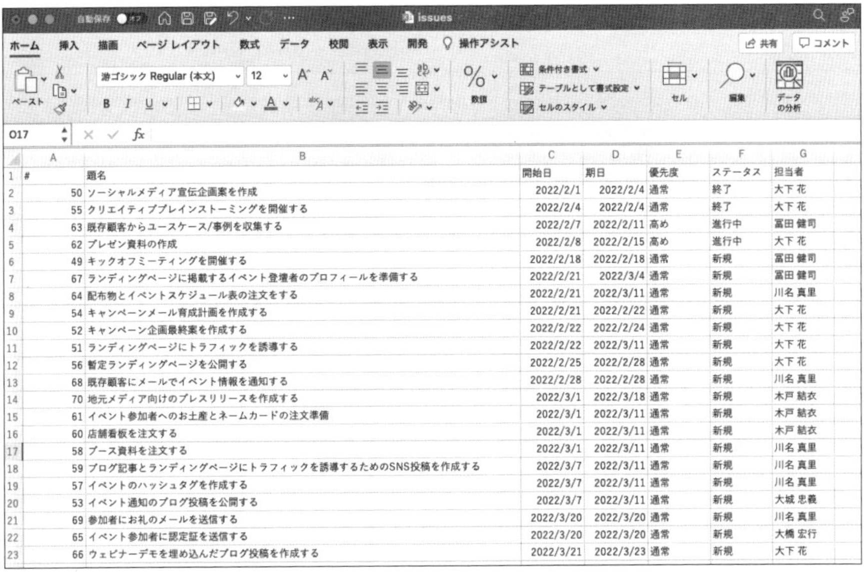

#	題名	開始日	期日	優先度	ステータス	担当者
50	ソーシャルメディア宣伝企画案を作成	2022/2/1	2022/2/4	通常	終了	大下 花
55	クリエイティブブレインストーミングを開催する	2022/2/4	2022/2/4	通常	終了	大下 花
63	既存顧客からユースケース/事例を収集する	2022/2/7	2022/2/11	高め	進行中	冨田 健司
62	プレゼン資料の作成	2022/2/8	2022/2/15	高め	進行中	大下 花
49	キックオフミーティングを開催する	2022/2/18	2022/2/18	通常	新規	冨田 健司
67	ランディングページに掲載するイベント登壇者のプロフィールを準備する	2022/2/21	2022/3/4	通常	新規	冨田 健司
64	配布物とイベントスケジュール表の注文をする	2022/2/21	2022/3/11	通常	新規	川名 真里
54	キャンペーンメール育成計画を作成する	2022/2/21	2022/2/22	通常	新規	大下 花
52	キャンペーン企画最終案を作成する	2022/2/22	2022/2/24	通常	新規	大下 花
51	ランディングページにトラフィックを誘導する	2022/2/22	2022/2/23	通常	新規	大下 花
56	暫定ランディングページを公開する	2022/2/25	2022/2/28	通常	新規	大下 花
68	既存顧客にメールでイベント情報を通知する	2022/3/1	2022/3/11	通常	新規	川名 真里
70	地元メディア向けのプレスリリースを作成する	2022/3/1	2022/3/18	通常	新規	木戸 結衣
61	イベント参加者へのお土産とネームカードの注文準備	2022/3/1	2022/3/11	通常	新規	木戸 結衣
60	店舗看板を注文する	2022/3/1	2022/3/11	通常	新規	木戸 結衣
58	ブース資料を注文する	2022/3/1	2022/3/11	通常	新規	川名 真里
59	ブログ記事とランディングページにトラフィックを誘導するためのSNS投稿を作成する	2022/3/7	2022/3/11	通常	新規	川名 真里
57	イベントのハッシュタグを作成する	2022/3/7	2022/3/11	通常	新規	川名 真里
53	イベント通知のブログ投稿を公開する	2022/3/7	2022/3/11	通常	新規	大城 忠義
69	参加者にお礼のメールを送信する	2022/3/20	2022/3/20	通常	新規	川名 真里
65	イベント参加者に認定証を送信する	2022/3/20	2022/3/20	通常	新規	大橋 宏行
66	ウェビナーデモを埋め込んだブログ投稿を作成する	2022/3/21	2022/3/23	通常	新規	大下 花

2-32-1　チケットの情報を CSV ファイルにエクスポートする

「チケット一覧」画面の一番右下に「他の形式にエクスポート」があり、2 つ目の CSV をクリックします。

図 2-32-2　チケット一覧の画面の一番右下に「他の形式にエクスポート」がある

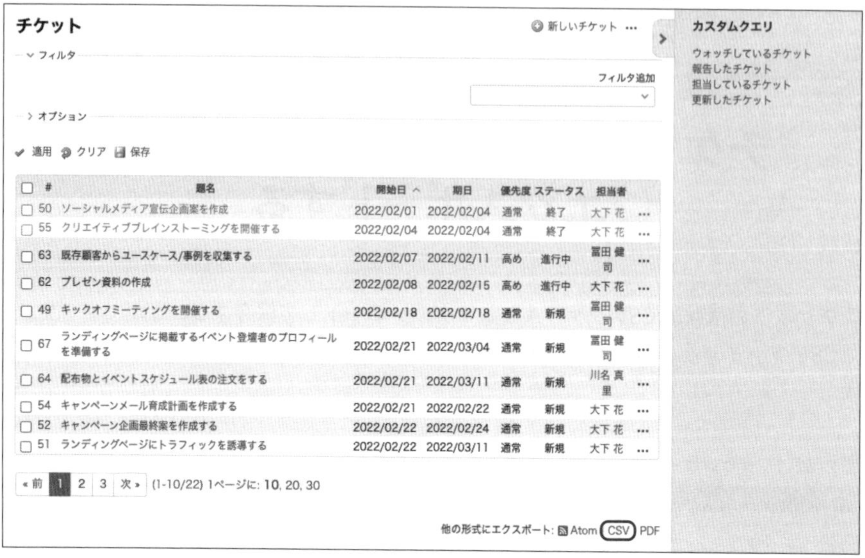

CSV エクスポート設定ダイアログが表示されます。

　チケット一覧に表示している「**選択された項目**」または「**すべての項目**」を選んで出力できます。「**説明**」や「**最新のコメント**」を一緒に出力したい場合は、各チェックボックスをオンにします。

※コメントが複数ある場合でも、CSV ではチケットを 1 行として扱うため、最新のコメントのみ出力されます。

図 2-32-3　「CSV エクスポート設定」のダイアログ

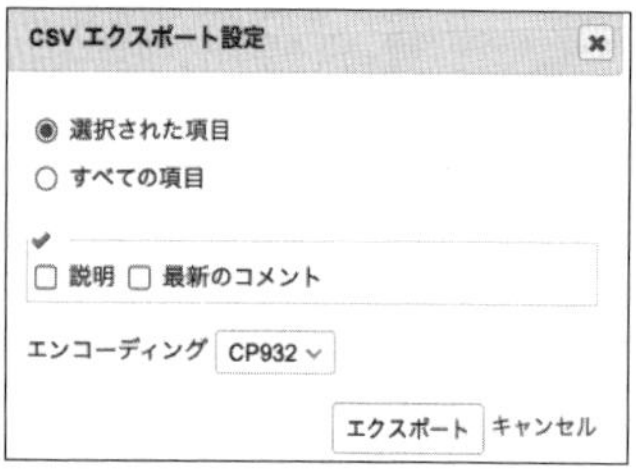

　「エクスポート」ボタンをクリックすると、すぐに CSV ファイルがダウンロードされます。

※デフォルトの設定では、一度にエクスポートできるチケットの上限は 500 件です（上限の変更については 5-14「制限を適切にして運用しやすくする」p.294 参照）。

2-33

チケット情報のCSVファイルを インポートする

チケット情報の CSV ファイルをインポートすることで、多数のチケットを一度に登録できます。

図 2-33-1　CSV ファイルと Redmine の関係

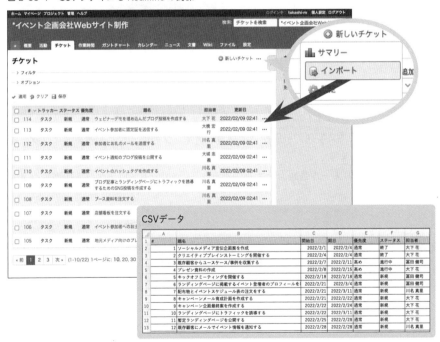

2-33-1　チケット情報の CSV ファイルをインポートする

チケット一覧画面の右上にある「新しいチケット」右側のメニュー (…) をクリックして「インポート」を選択し、インポートしたい CSV ファイルを指定して「次」ボタンをクリックします。

図 2-33-2　インポート選択

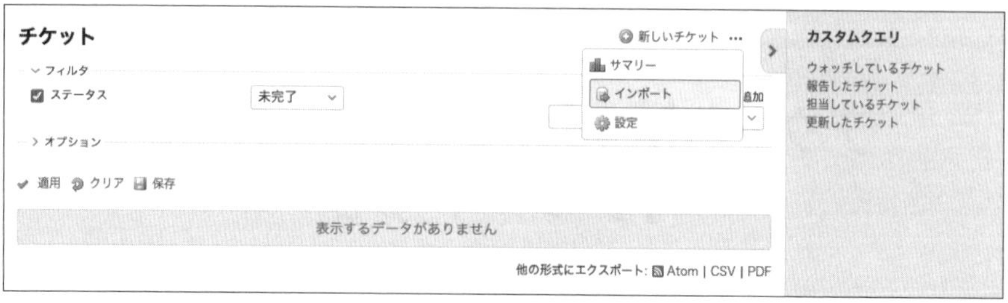

図 2-33-3　インポートファイル選択

オプション画面で文字列の引用符、エンコーディングの形式などを選択して「次」ボタンをクリックします。

「インポート中のメール通知」をオンにすると、インポート時にチケット担当者へメールで通知されます。

図 2-33-4　インポートオプション

「**フィールドの対応関係**」でプロジェクト、トラッカー、ステータスなどを選択します。必須項目が未選択だとインポートできません。データの一部に不正がある場合、その部分を除いてインポートされます。また、プレビューの項目表示の有無にかかわらず、インポートしたい項目は選択する必要があります。最後に画面下部の「インポート」ボタンをクリックし、インポートが処理されます。

図 2-33-5 フィールドの対応関係の指定画面

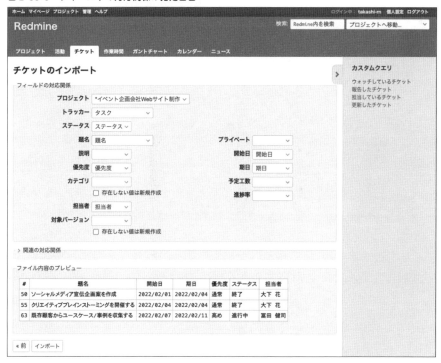

CSV データ内にチケット ID が記載されていても、インポートすると新たなチケットが作成され新規に ID が付与されます。

※チケットのインポート権限がないと、インポートメニューが表示されません。インポート操作が必要な場合はシステム管理者に連絡するか、権限設定を変更してください（権限の変更については 5-18「ロールと権限を設定する」p.310 参照）。

CHAPTER

3

個人設定

3-1

個人情報や設定を変更する

　ヘッダー右上の**個人設定**では、氏名やメールアドレスに関する設定、二要素認証の有効化、言語、タイムゾーンなどを設定できたり、自分に届く通知メールのアドレスを追加したり、パスワードを変更したりすることができます。

図 3-1-1　個人設定画面

パスワード変更

　画面右上の「**パスワード変更**」をクリックするとパスワード変更画面が表示されます。

言語の変更

情報エリアの「言語」で表示言語を選択できます。「(auto)」はブラウザの表示言語を反映したものです。

二要素認証を有効にする Redmine 4.2 以降

情報エリアの「二要素認証を有効にする」をクリックすると、TOTP（時刻同期式ワンタイムパスワード）に対応した認証アプリを利用し二要素認証を有効にすることができます。二要素認証については 3-3「二要素認証でログインする」p.120 で詳しく解説します。

図 3-1-2　二要素認証の有効化

別のメールアドレスにもメール通知する

別のアドレスにも通知メールを送りたい場合はメールアドレスの追加ができます。右上の「メールアドレス」をクリックし、追加したいメールアドレスを入力します。追加したメールアドレスの右側のアイコンで通知の無効化・有効化を切り替えられます（セキュリティの観点からメールアドレスの追加を行えないようにする方法は 5-11「ユーザーの設定を行う」p.286 参照）。

図 3-1-3　追加したメールアドレスで通知アイコンを選択

コメントの表示順

チケットのコメントの表示順は古い順に設定されていますが、最新のものから見たい場合は新しい順に変更できます。

最近使用したプロジェクトの表示件数

画面右上のプロジェクトセレクタに表示される最近使用したプロジェクトの表示件数を任意の数に変更できます。

図 3-1-4　プロジェクトセレクタ

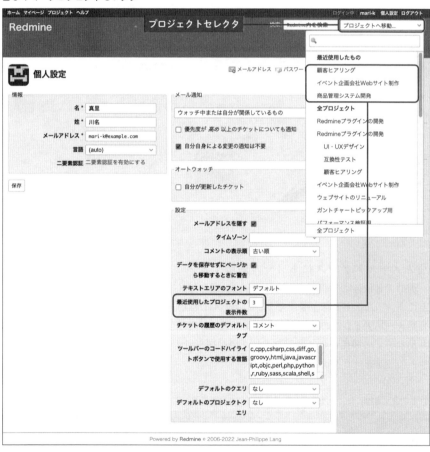

チケットの履歴のデフォルトタブの変更

チケットの履歴のデフォルトタブではチケット詳細画面を開いたときにどの更新情報をデフォルトにしておくか決められます。

図 3-1-5　**チケットの履歴のデフォルトタブの選択肢**

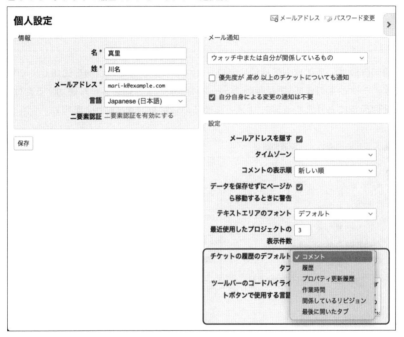

3-2

通知されるメールの対象を選ぶ

　メール通知機能は、チケットの作成やプロジェクトの更新などの情報を通知してくれる機能です。チケットの作成・更新時やニュースの追加時など何をメール通知するかは、システム管理設定にあります（5-13「メール通知の設定を行う」p.292参照）。

図3-2-1　個人設定の画面のメール通知設定

3-2-1 通知対象の範囲を設定する

個人設定画面のメール通知対象の範囲は、デフォルトで「**ウォッチ中または自分が関係しているもの**」となっています。自分が作成したチケットの更新や自分が担当しているチケットの更新が行われたときに通知されます。

「**参加しているプロジェクトのすべての通知**」を選ぶと、全ての通知が届きます。

図 3-2-2　メール通知設定の選択肢

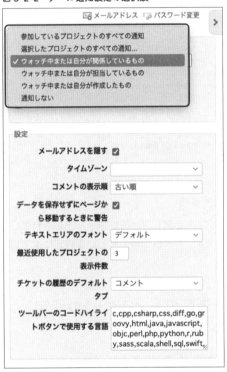

「選択したプロジェクトのすべての通知」を選ぶと、自分が参加しているプロジェクトの一覧が表示され、チェックボックスで通知がほしいプロジェクトを選択できます。

図 3-2-3 「選択したプロジェクトのすべての通知」の選択肢

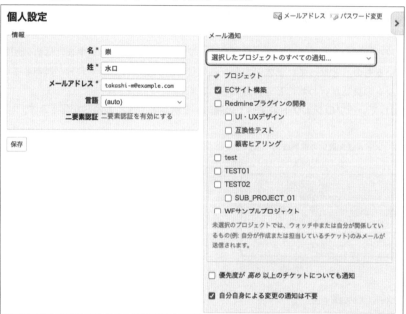

> **NOTE** 「通知しない」を選択するときの注意事項
>
> 「通知しない」の選択肢もありますが、プロジェクトや組織はメール通知されているものとして業務を進めている場合もあるため、「通知しない」という設定にする際は注意が必要です。

3-2-2 通知対象に関わらず優先度の高いチケットの通知を受け取る Redmine4.2 以降

「優先度が高め以上のチケットについても通知」をオンにすると、通知対象外のチケット更新の通知を受け取ることができます。例えば「ウォッチ中または自分が担当しているもの」を通知対象に設定していても、優先度が高ければ自分に関係ないチケットでも通知を受け取ることができます。

CHAPTER 3

個人設定

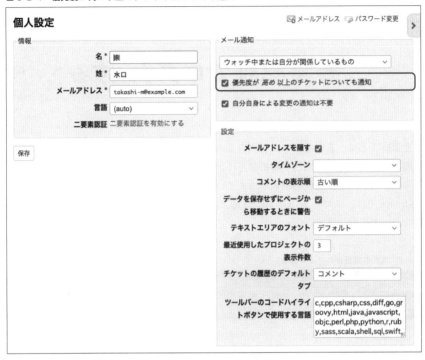

図 3-2-4　優先度が高め以上のチケットについても通知

3-2-3　オートウォッチ Redmine5.0 以降

　「オートウォッチ」をオンにすると、自分自身が更新したチケットが自動的にウォッチされ、その後メール通知される対象となります。

3-3

二要素認証でログインする

二要素認証とは、異なる2つの要素を組み合わせて認証することです。

最近ではパスワードの漏洩や解析などによる不正アクセスが増加しており、セキュリティ強化のため二要素認証の導入が増えています。

Redmineでは、スマートフォン用認証アプリで二要素認証を行うことができ、その手順について説明します。

図3-3-1 二要素認証のログイン画面

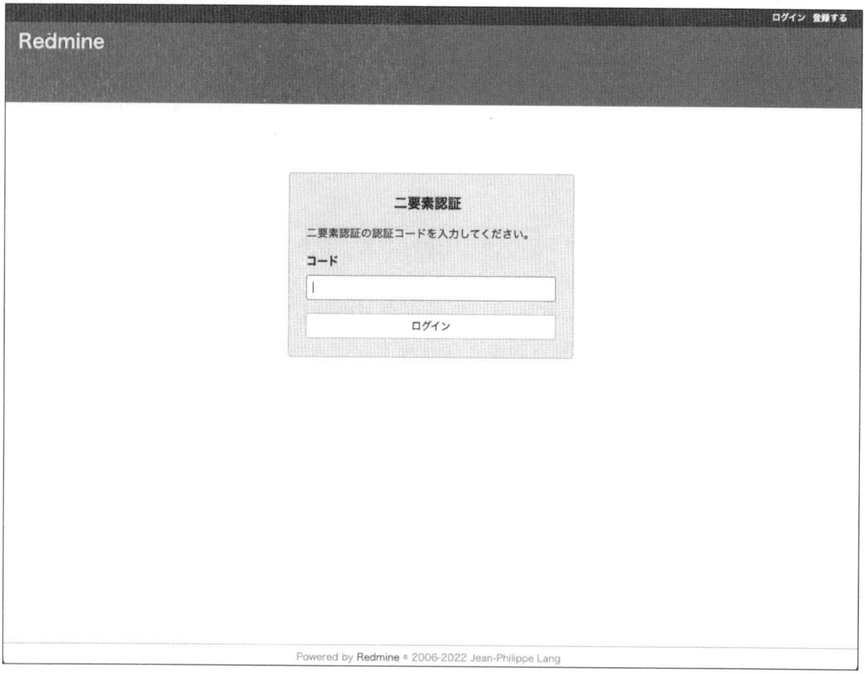
ログイン 登録する
Redmine
二要素認証
二要素認証の認証コードを入力してください。
コード
ログイン
Powered by Redmine © 2006-2022 Jean-Philippe Lang

3-3-1 認証アプリと関連付ける

① スマートフォンに認証アプリをインストールする

　TOTP（時刻同期式ワンタイムパスワード）に対応した認証アプリをインストールしてください。

　以下は TOTP 対応のアプリの一例です。

- ・Google 認証システム
- ・Microsoft Authenticator
- ・IIJ SmartKey
- ・Twilio Authy
- ・Step Two

②「個人設定」画面から設定

　「二要素認証を有効にする」をクリックすると、二要素認証を有効化するための QR コードが表示されます。

図 3-3-2　個人設定画面

図 3-3-3　QR コードの表示画面

③ QR コードをスキャンしてワンタイムパスワードを入力する

スマートフォンにインストールした認証アプリで QR コードをスキャンします。

アプリに表示されたワンタイムパスワードを入力して「有効にする」をクリックすると、有効化されます。

図 3-3-4　スマートフォンにワンタイムパスワードが表示された画面

3-3-2 二要素認証を使用したログイン

① ID とパスワードを入力

ログイン画面で ID とパスワードを入力します。

② ワンタイムパスワードを入力

認証アプリに表示されるワンタイムパスワードを入力すると、ログインできます。

図 3-3-5　二要素認証のログイン画面

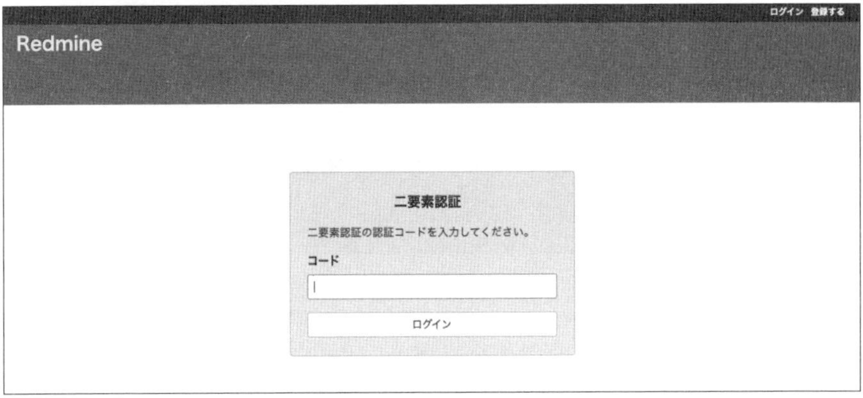

図 3-3-6　ワンタイムパスワード表示画面

3-3-3　ユーザーの二要素認証の利用有無の設定

　システム管理者は、ユーザーに対して二要素認証を必須・任意・無効とする設定を行えます。

3-3-4　グループごとの二要素認証必須の設定 Redmine5.0以降

　システム管理者は、グループごとに二要素認証を必須にする設定を行えます。

　この設定を行うことで、セキュリティに配慮すべき個人情報を持つグループには、二要素認証を必須にするなどの対応が可能となります。

　二要素認証の必須化は「管理」→「グループ」から設定できます。

図 3-3-7　二要素認証必須の設定画面

3-4

自分に関係する情報を
一目で把握する

　「マイページ」画面では、自分が見たい情報をカスタマイズして表示させることがで
きます。

図 3-4-1　マイページ画面

3-4-1　マイページのカスタマイズ

デフォルトでは担当者が自分に指定されているチケットの一覧と、自分が作成したチケットの一覧を閲覧することができます。

図 3-4-2　マイページ画面のデフォルト情報

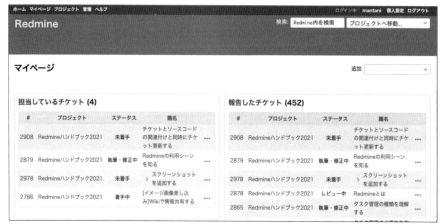

マイページには様々な情報をブロックとして追加することができます。画面右上の「追加」プルダウンから、追加したい情報を選択します。

図 3-4-3　追加できるブロック

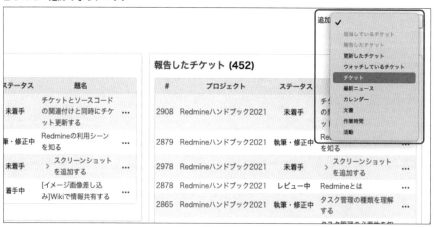

例えば「**チケット**」を追加したときは、任意のカスタムクエリを指定したチケット一覧を表示させることが可能です。

図 3-4-4　カスタムクエリを表示させている画面

図 3-4-4 右上の歯車アイコン🔅（オプション）をクリックすると、表示する列を選択することが可能です。歯車アイコンの右側には矢印アイコン🔁（移動）があり、これをドラッグすることで、ブロックの場所を変えることができます。上部が 1 列・下部が 2 列になっていて、ブロックを移動させることで 2 列に表示させることもできます。

3-5

プロジェクトをブックマークする

　プロジェクトをブックマークに追加することで、プロジェクトが増えてきたときに、自分が頻繁にアクセスするプロジェクトを辿りやすくすることができます。

図 3-5-1　プロジェクトセレクタでブックマークしたプロジェクトが表示されている様子

3-5-1　ブックマークに追加する

　各プロジェクトの「概要」タブの右上の「ブックマークに追加」をクリックすることでブックマークされます。画面右上のプロジェクトセレクタで選ぶときに、ブックマークをしたプロジェクトが上位に表示され、辿りやすくなります。

図 3-5-2　プロジェクトセレクタでブックマークしたプロジェクトにアクセスする

3-5-2　プロジェクト一覧でブックマークプロジェクトを表示する

　プロジェクト一覧画面で、「プロジェクト」のフィルタを追加し、<< my bookmarks >>
でフィルタリングすることで、ブックマークに追加したプロジェクトのみを表示させる
ことができます。カスタムクエリとして保存しておけば、すぐにブックマークプロジェ
クトの一覧を表示できます。

図 3-5-3　フィルタ機能でブックマークしたプロジェクトの一覧を表示

CHAPTER

4

プロジェクト管理

4-1

プロジェクトを作成する

Redmine におけるプロジェクトも、一般的なプロジェクトと同じ意味で構成することができます。

プロジェクトの中で、様々な課題や情報を管理することができます。

図 4-1-1 「新しいプロジェクト」画面

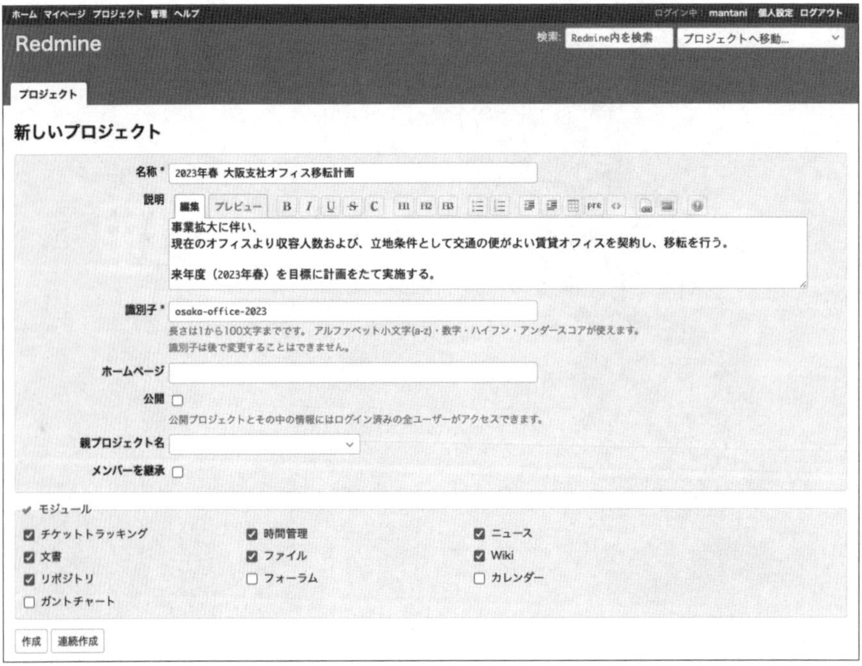

ホーム マイページ プロジェクト 管理 ヘルプ	ログイン中: mantani 個人設定 ログアウト

Redmine

検索: Redmine内を検索　　プロジェクトへ移動...

プロジェクト

新しいプロジェクト

名称 *　2023年春 大阪支社オフィス移転計画

説明　編集　プレビュー　B I U S C m R B ≡ ≡ ≣ ≣ pre <> 🔗 🖼 ❓

事業拡大に伴い、
現在のオフィスより収容人数および、立地条件として交通の便がよい賃貸オフィスを契約し、移転を行う。

来年度（2023年春）を目標に計画をたて実施する。

識別子 *　osaka-office-2023

長さは1から100文字までです。アルファベット小文字(a-z)・数字・ハイフン・アンダースコアが使えます。
識別子は後で変更することはできません。

ホームページ　[　　　　　　　　　]

公開　☐
公開プロジェクトとその中の情報にはログイン済みの全ユーザーがアクセスできます。

親プロジェクト名　[　　　　　　　　　▾]

メンバーを継承　☐

✓ モジュール

☑ チケットトラッキング　　☑ 時間管理　　☑ ニュース
☑ 文書　　☑ ファイル　　☑ Wiki
☑ リポジトリ　　☐ フォーラム　　☐ カレンダー
☐ ガントチャート

[作成] [連続作成]

4-1-1 新しいプロジェクトを作成する

　新しいプロジェクトを作成するには、まず左上の「プロジェクト」をクリックします。

　プロジェクトの一覧画面が表示されたら、右上の「新しいプロジェクト」をクリックします。

図 4-1-2　プロジェクト一覧画面で「新しいプロジェクト」をクリック

　すると「新しいプロジェクト画面」が開きます。

図 4-1-3 「新しいプロジェクト」画面

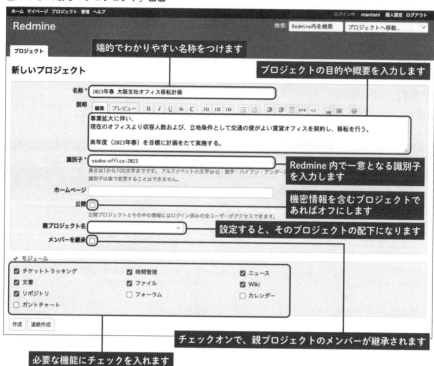
図 4-1-3 「新しいプロジェクト」画面

説明

　プロジェクトの目的やゴールを、プロジェクトメンバーが理解、認識できるように記載します。**プロジェクトのゴールや目的を記載すること**で、プロジェクトメンバー全員と認識を共有することができます。また、プロジェクトの概要を記載しておくと、プロジェクト一覧画面を見た際に、プロジェクトメンバーが識別しやすくなります。

識別子

　Redmine 内でプロジェクトを識別する名前です。**URL の一部として使用されるため、他のプロジェクトと重複しない、一意な名前を付ける必要があります。**

　識別子に使える文字には制限があります。入力欄の下の説明文を確認してください。

　識別子は後から変更できないため、注意が必要です。

公開

「公開」チェックボックスがオンになっていると、プロジェクトのメンバーでなくてもプロジェクト内の情報を参照できるようになります。

プロジェクトメンバー以外には伏せておきたい情報を含むプロジェクトでは、基本的にオフに設定すべきです。

逆にプロジェクトメンバー以外にも共有したいプロジェクトであれば、オンに設定します。

> **NOTE　プロジェクトをデフォルトで公開・非公開にするには**
>
> 新規プロジェクト作成時に、「公開」をオンにするか、オフにするかを事前に設定しておくことができます。具体的な手順は 5-10「プロジェクトに関する設定を行う」p.283 を参照してください。

モジュール

Redmine のプロジェクトメニューにタブとして表示される機能単位が「モジュール」です。

プロジェクトごとに使う機能、使わない機能を設定することができます。

> **NOTE　デフォルトでオン・オフにするモジュールを事前に設定するには**
>
> 新規プロジェクト作成時に、各モジュールをオンにするか、オフにするかを事前に設定しておくことができます。具体的な手順は 5-10「プロジェクトに関する設定を行う」p.283 を参照してください。

必要な項目を入力後、「作成」ボタンをクリックすると、新しいプロジェクトが作成されます。

作成後、プロジェクトの設定画面に変わります。

続けてプロジェクトの設定を行うには、4-4「プロジェクトの初期設定をする」p.142 を参照してください。

4-2

似たプロジェクトをコピーして始める

過去に作成したプロジェクトと似たプロジェクトを作成したい場合は、過去のプロジェクトや、予めテンプレートとして作成しておいたプロジェクトをコピーすることで、楽にプロジェクトを始めることができます。

図 4-2-1　プロジェクトをコピーして活用する

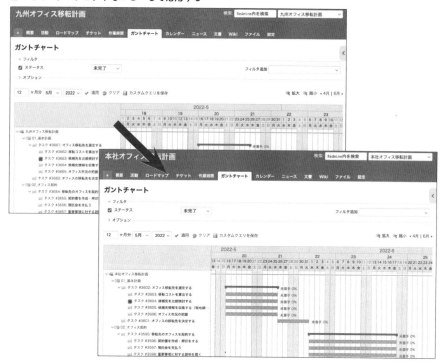

プロジェクトをコピーする操作は、システム管理者しか参照できない管理画面で行うため、システム管理者として操作するか、システム管理者に依頼をしてプロジェクトをコピーしてもらいます。

4-2-1 プロジェクトをコピーする

「管理」→「プロジェクト」画面を表示します。

図 4-2-2 プロジェクトの一覧でコピー元プロジェクトの「コピー」を選択

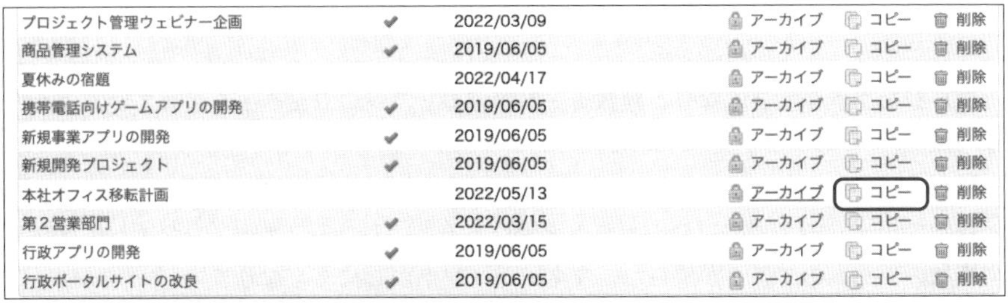

プロジェクト管理ウェビナー企画	✔	2022/03/09	🔒 アーカイブ	📋 コピー	🗑 削除
商品管理システム	✔	2019/06/05	🔒 アーカイブ	📋 コピー	🗑 削除
夏休みの宿題		2022/04/17	🔒 アーカイブ	📋 コピー	🗑 削除
携帯電話向けゲームアプリの開発	✔	2019/06/05	🔒 アーカイブ	📋 コピー	🗑 削除
新規事業アプリの開発	✔	2019/06/05	🔒 アーカイブ	📋 コピー	🗑 削除
新規開発プロジェクト	✔	2019/06/05	🔒 アーカイブ	📋 コピー	🗑 削除
本社オフィス移転計画		2022/05/13	🔒 アーカイブ	📋 コピー	🗑 削除
第2営業部門	✔	2022/03/15	🔒 アーカイブ	📋 コピー	🗑 削除
行政アプリの開発	✔	2019/06/05	🔒 アーカイブ	📋 コピー	🗑 削除
行政ポータルサイトの改良	✔	2019/06/05	🔒 アーカイブ	📋 コピー	🗑 削除

コピー元プロジェクトの「コピー」をクリックし、プロジェクトの新規作成（4-1「プロジェクトを作成する」p.132 参照）と同じように必要なフィールドを入力していきます。モジュールエリアの下にある「コピー」エリアでは、コピー元プロジェクトの何をコピーしたいのかを選択することができます。

図 4-2-3 「コピー」エリアからコピーする項目を選択

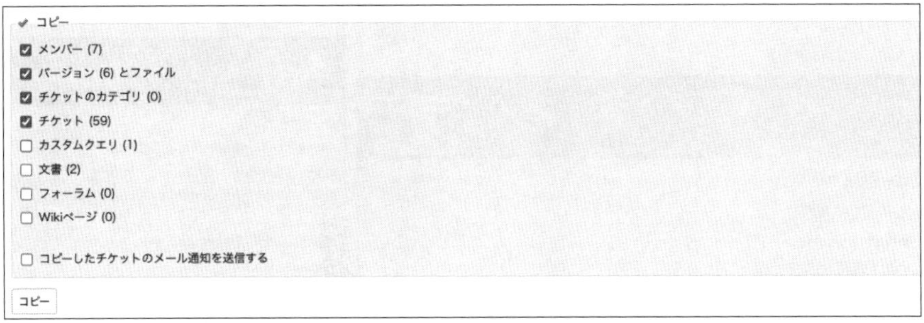

✔ コピー
☑ メンバー (7)
☑ バージョン (6) とファイル
☑ チケットのカテゴリ (0)
☑ チケット (59)
☐ カスタムクエリ (1)
☐ 文書 (2)
☐ フォーラム (0)
☐ Wikiページ (0)
☐ コピーしたチケットのメール通知を送信する
コピー

テンプレート（ひな形）となるプロジェクトを用意することで、テンプレートプロジェクトのチケットをコピーすることができます。「コピーしたチケットのメール通知を送信する」をオンにすると、チケットのコピー時にチケット作成時と同じ通知が送信されます。

複雑な WBS があるプロジェクトだとしても、漏れのない WBS を作ることができるでしょう。

4-3

サブプロジェクトを作成する

　プロジェクトが大きくなり、複数チームが協力してプロジェクトを進めていくようになったら、1つのプロジェクトを複数のプロジェクトに分割する「サブプロジェクト化」を検討すべきかもしれません。

　複数のチームで1つのプロジェクトを管理すると、1つのフェーズやタイムボックスに複数のチームのタスクが混在し、マネージメントがしにくくなります。

　複数のチームが混在していたとしても、チケット一覧画面や「ガントチャート」画面で担当者のグループのフィルタリングを行えば、チームのタスク管理は可能です。しかし、「作業時間」や「活動」「ロードマップ」画面ではチームの抽出ができないので、一人ずつ見ていく必要があったり、複数チームの情報が入ってわかりにくくなったりします。

　チームごとにサブプロジェクト化することで、こういった課題を解決できます。

図 4-3-1　サブプロジェクト化するとロードマップがわかりやすくなる

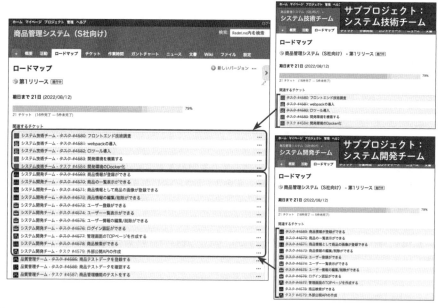

4-3-1 プロジェクトの「概要」画面からサブプロジェクトを作成する

特定のプロジェクトの「概要」画面を開き、画面右上の「…」ボタンをポイントして表示されたメニューから「新しいサブプロジェクト」を選択します。

図 4-3-2 「新しいサブプロジェクト」の選択

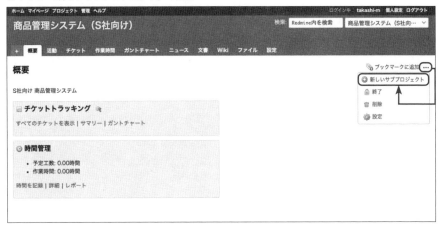

すると、「親プロジェクト名」が自動設定された状態で「新しいプロジェクト」画面が開きます。

図 4-3-3　プロジェクト新規作成画面

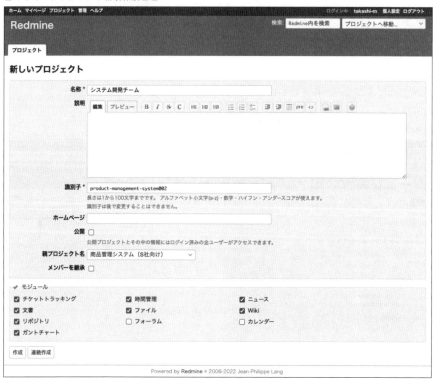

　「新しいプロジェクト」画面の詳細については、4-1「プロジェクトを作成する」(p.132)
を参照してください。

CHAPTER 4　プロジェクト管理

4-3-2　プロジェクト一覧画面からサブプロジェクトを作成する

プロジェクト一覧画面からサブプロジェクトを作成することもできます。
プロジェクト一覧画面を開き、「新しいプロジェクト」をクリックします。

図 4-3-4　プロジェクト一覧画面

「新しいプロジェクト」画面が開いたら、「親プロジェクト名」を指定し、プロジェクトを作成します。
「新しいプロジェクト」画面の詳細については、4-1「プロジェクトを作成する」(p.132)を参照してください。

4-4

プロジェクトの初期設定をする

プロジェクトの作成（4-1「プロジェクトを作成する」p.132）が完了すると、プロジェクトの「設定」画面が開き、いくつかのタブが表示されます。ここで、作成したプロジェクトにメンバーを追加したり、必要なトラッカーやカスタムフィールドを設定したりして、プロジェクトをうまく運用できるようにします。

図 4-4-1　プロジェクト作成直後のプロジェクトの「設定」画面

![プロジェクト作成直後のプロジェクトの「設定」画面のスクリーンショット]

4-4-1　メンバーを追加する

「メンバー」タブを開き、「新しいメンバー」をクリックすると、Redmine に登録されている全ユーザーがダイアログで表示されます。

このダイアログでプロジェクトに追加したいユーザーを選択し、割り当てたいロール

をオンにし、「追加」ボタンをクリックします。

NOTE **Redmine に登録されているユーザー数が多いときは**

　Redmine へ登録されているユーザー数が多い場合には、ダイアログ上部の「ユーザーまたはグループの検索」テキストフィールドで絞り込み検索が可能です。

NOTE **グループを利用して追加する**

　プロジェクトのメンバーにユーザーを追加するには、一人ずつユーザーを追加するのではなく、グループで追加して管理することがおすすめです（4-17「グループを利用してメンバー管理をしやすくする」p.204 参照）。

図 4-4-2 「メンバー」タブから「新しいメンバー」ダイアログを開く

NOTE **複雑なロールを運用する**

　ユーザーやグループに対して割り当てるロールについては、大企業などで複雑なロールの運用が必要になってくると、JAXA の複数ロールによる運用事例が参考になります。

　木本一広「CODA: JSS2 の運用・ユーザ支援を支えるチケット管理システム: Redmine の事例と利用のヒント」: 4.2.1「ロール設定の OR ルール」, 2015

https://repository.exst.jaxa.jp/dspace/handle/a-is/557146

4-4-2　使用するトラッカーやカスタムフィールドの設定をする

「チケットトラッキング」タブを開き、このプロジェクトで使用するトラッカーにチェックを入れます。

同様に、使用するカスタムフィールドにもチェックを入れます。

図 4-4-3　チケットトラッキングタブの画面

NOTE　チケット作成時の入力負荷を低減する

「デフォルトのバージョン」と「デフォルトの担当者」を設定しておくと、チケット作成時にデフォルトのバージョンと担当者が自動で選択され、利便性が高まります（デフォルトのバージョンについては、4-20「対象バージョンを自動的にセットする」p.216 参照）。

4-4-3　バージョンを作成する

「バージョン」タブでは、ソフトウェアのリリースやフェーズ、工程としての「バージョン」を作成することができます。

「新しいバージョン」をクリックし、必要な項目を入れていきます。

図 4-4-4 「バージョン」タブからバージョンを作成する様子

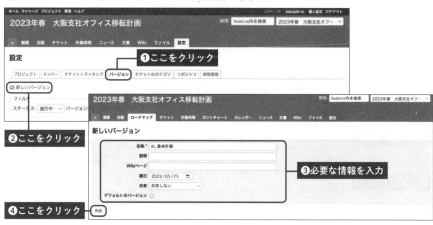

バージョンに「期日」を設定しておくと、「ロードマップ」画面で期日までの日数が見える化されます。

他のプロジェクトとバージョンを共有したい場合は、どの単位で共有するかを「共有」セレクトボックスで設定できます。

4-4-4　チケットのカテゴリを作成する

カテゴリ単位でチケットを管理したい場合は、カテゴリを作成します。

例えば、要望の管理を考えてください。「トラッカーは要望だけど、社内からの要望と、社外からの要望を別々に管理したい」といった場合には、カテゴリで「社内」と「社外」を作ることで、「要望」をカテゴライズしやすくなります。

「チケットのカテゴリ」タブを開き、「新しいカテゴリ」をクリックすると、「新しいカテゴリ」画面が表示されます。

図 4-4-5 「チケットのカテゴリ」タブからチケットのカテゴリを作成する様子

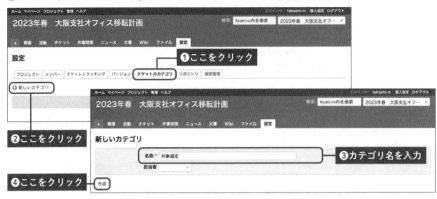

チケットのカテゴリを作成すると、チケット作成画面で「カテゴリ」項目が表示されます。

4-4-5　連係するリポジトリのパスを設定する

「リポジトリ」タブでは、プロジェクトと連携するリポジトリを設定できます。

「新しいリポジトリ」をクリックして表示される画面で、「バージョン管理システム」を選択し、「リポジトリのパス」を設定します。

図 4-4-6 は「バージョン管理システム」で「Git」を選択した場合の設定例です。

図 4-4-6 「リポジトリ」タブから連携するリポジトリを設定する様子

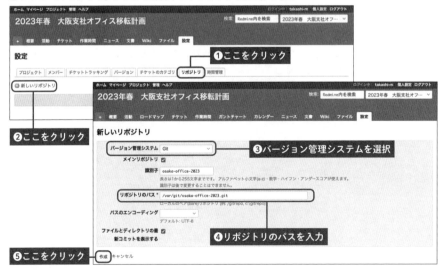

4-4-6　時間管理を設定する

「時間管理」タブでは、このプロジェクトで有効にしたい「作業分類」を設定できます。
「有効」をオンにして、「保存」ボタンをクリックします。

図 4-4-7　プロジェクトで有効にしたい作業分類を設定する

プロジェクト

4-5

プロジェクトを終了する

プロジェクトには終わりがあり、Redmine のプロジェクトも終了することができます。プロジェクトが終了したとしても、プロジェクトの運用・保守を目的として（Redmine のプロジェクトとして）使い続けることがあります。しかし、保守することなく完全に終了したプロジェクトは、終了させるかアーカイブしていきましょう。

4-5-1　終了とアーカイブの違い

終了とアーカイブには違いがあります。

「終了」すると、更新はできなくなりますが、チケットやプロジェクト内の情報を参照することはできます。

一方「アーカイブ」は、更新ができないだけでなく、参照もできなくなります。アーカイブされたプロジェクトは、プロジェクト一覧でも表示されなくなります。プロジェクトをアーカイブする方法については、5-25「プロジェクトをアーカイブまたは削除する」p.340 を参照してください。

プロジェクトが終了し、しばらく更新がないとしても、別のプロジェクトの推進中に、過去の類似する課題について、解決方法や工数実績を参照したくなることもあります。基本的には「終了」状態で問題ないでしょう。

参照するには古すぎるプロジェクトだったり、新しいメンバーに見せることが好ましくない機密データを含むプロジェクトの場合は、アーカイブすべきと考えられます。

表 4-5-1　終了とアーカイブの違い

	終了	アーカイブ
更新	できない	できない
参照	できる	できない

CHAPTER 4　プロジェクト管理

4-5-2 プロジェクトを終了する

　プロジェクトを「終了」すると、チケットの作成や更新、Wikiページの編集など情報の更新を行うことができなくなります。

　プロジェクトを「終了」するには、プロジェクトの概要画面右上の「…」ボタンをクリックし「終了」を選択します。

図 4-5-1　プロジェクトを終了する

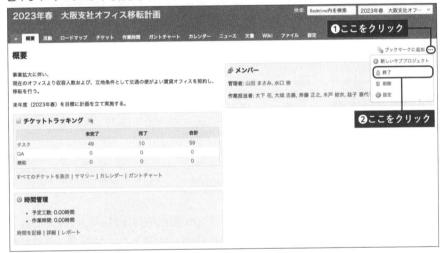

NOTE　管理者以外のメンバーがプロジェクトを終了・再開するには

　プロジェクトの終了・再開を行うには権限が必要です。通常は管理者ロールにのみ割り当てられているので、管理者以外も操作できるようにするには、管理者以外にも該当の権限を追加してください。

4-5-3　終了状態のプロジェクトを再開させる

「終了」したプロジェクトは読み取り専用になっています。元に戻し、再度更新できる状態に変更するには、プロジェクトの概要画面右上の「…」ボタンをクリックし「再開」を選択します。

図 4-5-2　プロジェクトを再開する

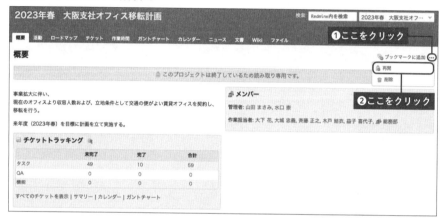

　プロジェクト一覧画面には「有効」ステータスのプロジェクトが表示されます。終了したプロジェクトをいつまでも「終了」状態にしないでいると、プロジェクト一覧に表示されるプロジェクトが増え、進行中のプロジェクトにアクセスしにくくなります。定期的にプロジェクトのステータスを見直してみましょう。

> **NOTE　プロジェクト一覧画面で終了したプロジェクトを閲覧するには**
>
> 　プロジェクト一覧画面で「終了したプロジェクトを表示」をオンにすると、「終了」したプロジェクトでも閲覧できるようになります。

4-6

プロジェクト情報に独自の項目を
追加して一覧表示する

チケットのカスタムフィールド（2-5「チケットに独自の入力項目を追加する」p.33 参照）と同様に、プロジェクトにもカスタムフィールドを追加することで、プロジェクト作成時に独自の入力項目を追加し、プロジェクト一覧画面に表示させることができます。

図 4-6-1　プロジェクト一覧で顧客名が一覧で表示されている画面

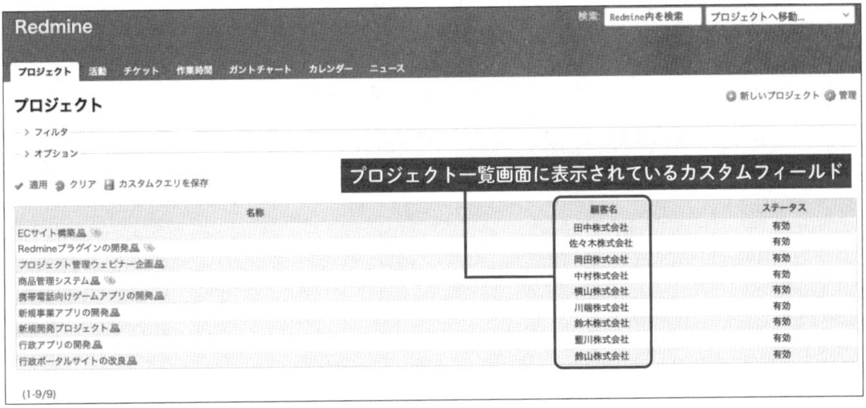

名称	顧客名	ステータス
ECサイト構築	田中株式会社	有効
Redmineプラグインの開発	佐々木株式会社	有効
プロジェクト管理ウェビナー企画	岡田株式会社	有効
商品管理システム	中村株式会社	有効
携帯電話向けゲームアプリの開発	横山株式会社	有効
新規事業アプリの開発	川端株式会社	有効
新規開発プロジェクト	鈴木株式会社	有効
行政アプリの開発	藍川株式会社	有効
行政ポータルサイトの改良	飾山株式会社	有効

プロジェクト一覧画面に表示されているカスタムフィールド

(1-9/9)

4-6-1　カスタムフィールドの作成

プロジェクトには様々な形式（テキスト、数値、日付、リスト、ファイル）のカスタムフィールドを追加することができ、入力を必須とするかどうかや、どのロール（5-18「ロールと権限を設定する」p.310 参照）で表示できるのかなどの入力条件を、細かく設定することができます。

図 4-6-2　カスタムフィールドの作成画面

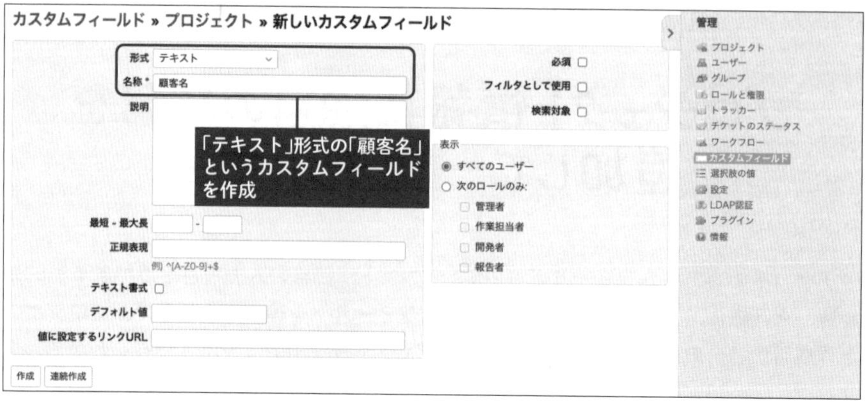

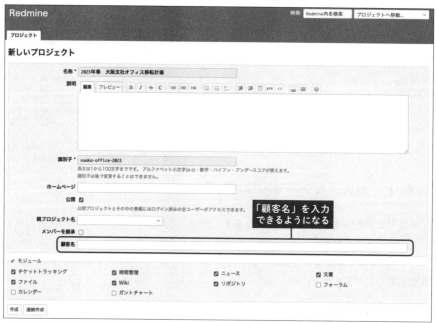

たとえば「顧客名」というテキスト形式のカスタムフィールドを「プロジェクト」に対して作成すると、プロジェクト作成画面で「顧客名」を入力できるようになります。

図 4-6-3　カスタムフィールドが表示されているプロジェクトの作成画面

カスタムフィールドの作成方法については、5-22「カスタムフィールドを作成する」p.327 を参照してください。

4-7

ウォーターフォール型プロジェクトを
計画する

ウォーターフォール型開発は、数ヶ月〜1年かけてプロジェクトを管理する際に使うことが多いです。

図 4-7-1 ウォーターフォール型開発

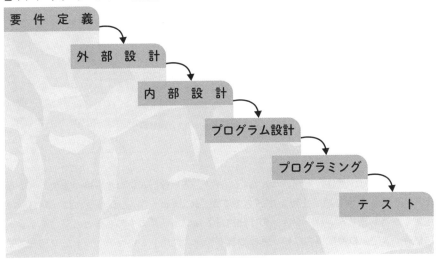

計画の段階でプロジェクト期間のタスクをある程度洗い出す必要があり、最初から比較的多くのチケットを管理しなければなりません。

そのために、しっかりと担当者レベルまで計画を立て、チケットを管理しやすくする必要があります。

一般的には次の流れで計画を行います。

・フェーズを作成する
・WBS を作成する
・タスクの工数を見積もり、日程を設定する
・WBS をガントチャートで確認する

4-7-1 フェーズを作成する

　ウォーターフォール型開発ではフェーズ（工程）を定義し、各フェーズで進捗管理をしていきます。フェーズの定義には Redmine のバージョンを使うとよいでしょう（バージョンの作成方法は、4-4「プロジェクトの初期設定をする」p.142 参照）。

図 4-7-2　プロジェクトの「設定」画面の「バージョン」タブ

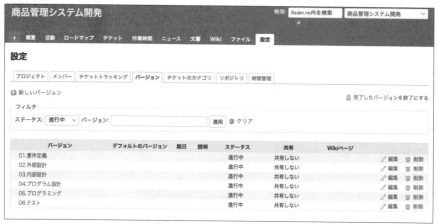

　フェーズでは、要件定義がいつからいつまで、基本設計がいつからいつまで、といった「開始日」を含む期間を設定すべきですが、Redmine のバージョンには「期日」の設定しかありません。バージョンの「開始日」はフェーズの中のもっとも早いチケットに依存します。依存関係のない「基本設計フェーズ開始」というチケットをフェーズ開始日に設定しておくという方法もあります。

4-7-2　WBSを作成する

　WBSとは、作業（Work）を分割（Breakdown）して、構造化（Structure）する手法です。WBSを作成し、まずは親チケットとして大きなタスクを作成し、そのチケットを分割して子チケットを作成していくようにします（親子チケットの作り方は2-20「チケットを分割して子チケットを作成する」p.74参照）。

　このチケット作成時に「対象バージョン」でフェーズを選択します。

図 4-7-3　「対象バージョン」でフェーズを選択する

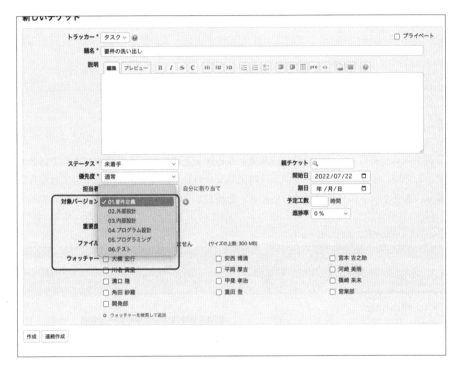

　WBSのチケットを作成すると、Redmineの標準機能で「ガントチャート」を表示させることができます。「ガントチャート」で、作成したWBSに漏れがないか、分割は適切かを俯瞰的に確認します。

図 4-7-4 「ガントチャート」画面で WBS を確認する

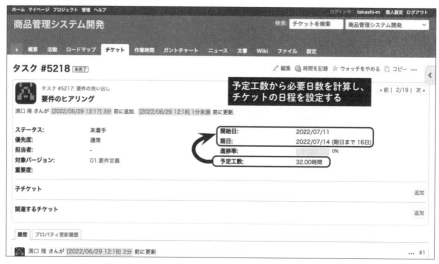

4-7-3 タスクの工数を見積もり、日程を設定する

各タスクがどれくらいの期間の作業量となるかを見積もり、予定工数を入れていきます。この時、予定工数にはバッファ（時間的な余裕）を含めます。その予定工数から計算し、各チケットの日程（開始日と期日）を設定します。

図 4-7-5 日程が設定されたチケット

少し先の工程のスケジュールなどは、概算見積もりで大日程だけスケジューリングしていることもよくあります。工程が近くなり、大日程のチケットをタスク分割し、子チケットを作成したら、親チケットの日程が消えてしまった。という事象が起こりえます。

これは Redmine の特性で、親チケットの開始日・期日は子チケットに依存しているためです。

チケット詳細画面から、子チケットを追加すると、開始日にデフォルト値の現在の日付が入り、期日が空となります。そのままチケット作成すると、親チケットの開始日と期日が上書きされ、日程が消えてしまうわけです。

日程が設定されているチケットをタスク分割する場合は、日程を覚えておき、子チケットに設定するのを忘れないようにします。

図 4-7-6　**親チケットの「開始日」と「期日」は子チケットに依存する**

複数の子チケットがあった場合は、その中で一番早い「開始日」と一番遅い「期日」が、親チケットの「開始日」と「期日」に設定されます。親子チケットで「開始日」と「期日」を独立させることも可能です（4-24「管理者のみプロジェクトのスケジュールを変更できるようにする」p.228 参照）。

ウォーターフォール型プロジェクトの計画と運用

4-7-4　WBS をガントチャートで確認する

「ガントチャート」画面を開くことで、作成した WBS が画面左側に階層表示され、日程は画面右側に可視化されます。「ガントチャート」画面でも、チケット一覧画面と同じように、各フィルタによる絞り込みが行えます。

図 4-7-7　「ガントチャート」画面

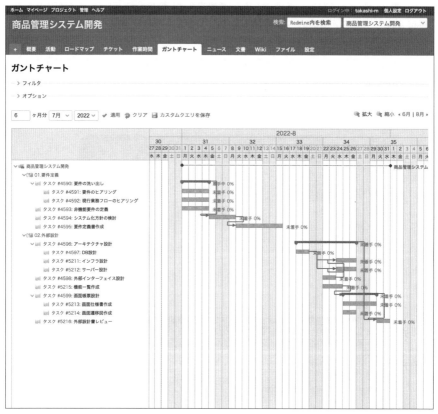

「ガントチャート」画面を見ながら納期に間に合うかどうかの確認を行い、必要であればチケットの「開始日」と「期日」を調整しましょう（ガントチャートの詳しい使い方は 4-11「ガントチャートで進捗を確認する」p.175 参照）。

4-8

ウォーターフォール型プロジェクトを
運用する

計画通りに進捗管理をしていくこと、そして計画から外れた場合にその対策をなるべく早く行うことが、プロジェクトを成功に導くために重要です。

どのように運用していくかのポイントを解説していきます。

図 4-8-1 「ガントチャート」画面

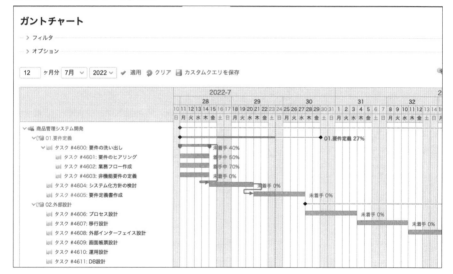

4-8-1　進捗管理

進捗管理は、少なくとも週次で計画通りにタスクが進んでいるのかを確認していきます。

進捗の確認は、プロジェクトの性質や規模によってさまざまですが、フェーズごとのチケットの完了率やチケットの「ステータス」、チケットの「進捗率」などで行います。

進捗は、チケット一覧画面や「ロードマップ」画面でも確認できますが、ウォーターフォール型プロジェクトの場合は、日程ベースで確認できる「ガントチャート」画面が

適しています。「ガントチャート」画面の「オプション」で、「イナズマ線」の「表示」をオンにして「適用」をクリックすると、「ガントチャート画面」にイナズマ線が表示されます。

図 4-8-2　イナズマ線が表示されたガントチャート画面

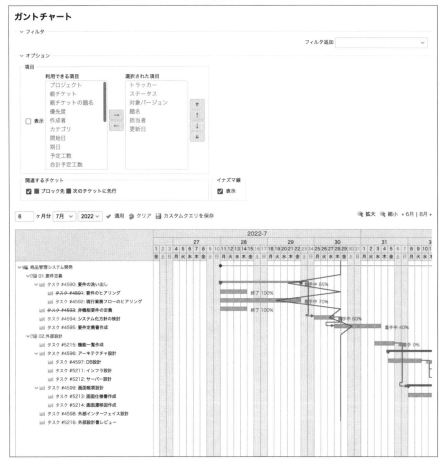

イナズマ線の赤い実線が、今日の日付を表す縦の赤い点線より右側にあれば予定よりチケットが進んでいて、左側にあれば予定より遅れていることを示します。

イナズマ線を正しく表示させるには、「開始日」「終了日」「進捗率」の入力が必須です。チケットの「進捗率」を進めると、イナズマ線もそれに応じて進んだものが描画されます（より詳細にガントチャートで進捗確認するには 4-11「ガントチャートで進捗を確認する」p.175 を参照）。

4-8-2　スケジュールの変更

スケジュールが前倒しになった場合は、それほど問題ではありません。一方、スケジュールが遅れた場合には、適切なタイミングでリスケジュールする必要があります。

すでに計画があるものをリスケジュールする場合には、元のスケジュールへの影響も考慮しなければなりません。

スケジュールの変更があったときに、前のスケジュールが延びた分だけ後続のスケジュールも開始が遅れていきます。たとえば、チケットの「期日」が2日後ろにずれる場合、その次に予定しているチケットの「開始日」を同じく2日後ろにずらさなければなりません。もし、そのようなことが多く発生すると、スケジュール変更の手間が大きくなります。

スケジュールの変更が比較的多く発生するプロジェクトであれば、前後関係のあるチケットに「先行後続の関連」をつけることによって、前のチケットの期日をずらした場合は後ろのチケットが自動的にずれてくれるようになります（2-23「関連タスクを順序通りの日程にする」p.81 参照）。

図 4-8-3　スケジュール遅延で後続チケットの開始日が自動でずれる

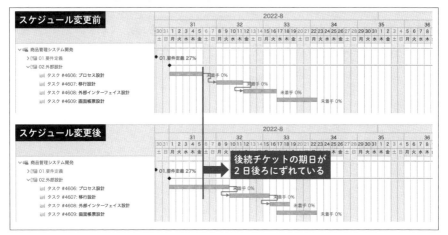

スケジュールに変更があった場合は、マイルストーンに影響がないかを確認する必要があります。もし影響があるようなら、別の対策も必要になってくるでしょう。

　マイルストーンは Redmine のバージョンで管理できるので、ガントチャート上でバージョンの期日までに収まっているかどうかがすぐに確認できます。

図4-8-4　バージョンの期日からチケットがはみ出している様子

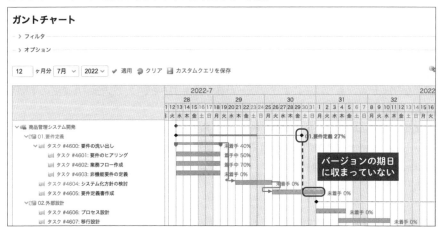

　ガントチャート上で上画面のようにマイルストーンに間に合っていないタスクが見えていれば、スケジュールの遅延にもすぐに気付くことができます。

4-9

アジャイル開発プロジェクトを
計画する

アジャイル開発は短期間でリリースを繰り返していくため、プロジェクトの全てのタスクを洗い出すのではなく一定期間でチケットが完了することを目指すという考え方なので、まず目の前のスケジュール管理を重視していきます。

基本的にチームメンバーがタスク管理をしていくので、プロダクトオーナーはチケットの開始日・期日ではなく、優先度を決めていきます。

4-9-1　バックログを作成する

まずは要件をチケットとして作成していきます。Redmine のマスターリストとして入れていきます。アジャイル開発では階層化をせず、なるべくフラットにチケットを作ります。階層化をするとしてもタスクとサブタスクの親子チケットまでの粒度が良いでしょう。

4-9-2　優先度を設定する

Redmine では優先順位付けまではできず、高・中・低といった優先度をチケットに設定します。優先度の高いチケットから業務が進められるように、チケットごとに優先度を設定していきましょう。

優先度の変更は、チケットを一つずつ詳細画面まで開かなくても、右クリックのコンテキストメニューから行えます（優先度の変更については 2-18「複数のチケットをまとめて更新する」p.70 参照）。

Redmine の特性として親チケットの優先度は子チケットの一番高い優先度に依存します。先に優先度を高く設定していた親チケットでも、子チケットの優先度を低く作成すると親チケットの優先度も下がるため注意が必要です（4-24「管理者のみプロジェクトのスケジュールを変更できるようにする」p.228 参照）。

また、「優先度」の選択肢の値「高め」「低め」などは任意の名称に変更することが可能です（5-23「選択肢の値を設定する」p.336 参照）。

4-9-3　スプリントを作成する

アジャイル開発では、まずスプリント（2週間や1ヶ月のタイムボックス）を作成します。スプリントそのものの機能は Redmine にはありませんが、期間で管理することのできる Redmine のバージョンを使います。

図 4-9-1　スプリントが登録されたバージョン一覧の画面

スプリントには期間があるため、開始日と期日を設定しますが、Redmine のバージョンは期日の設定しかありません。Redmine では、スプリントの中でもっとも早いチケットの開始日がスプリントの開始日になります。

4-9-4　見積もりを行う

優先度が高いチケットにおいては、見積もりを行っていきます。各チケットの予定工数に時間を入れていく、もしくは相対見積もりの場合は予定工数をポイントと見立てて、ポイント数を入れていくのでも良いでしょう。

4-9-5　スプリント計画を立てる

既に優先度がセットされた Redmine のチケットのうち、優先度が高いものから直近のスプリントに割り当てていきます。

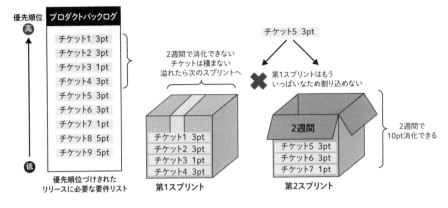

図 4-9-2　バックログからスプリントにチケットを割り当てていく

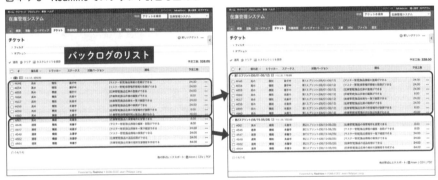

図 4-9-3　Redmine でスプリント計画を立てる

4-9-6　チケット一覧で計画を確認する

　チケット一覧画面で各スプリントに適切な予定工数で収まっているかを確認していきます。

　チケット一覧画面のオプションでグループ条件に「対象バージョン」をセットして、合計の行の「予定工数」にチェックを入れて適用します。

　各スプリントのチケット数と予定工数の合計が表示されるので、適切かどうかを確認できるでしょう。

アジャイル開発プロジェクトの計画と運用

図 4-9-3　対象バージョンでグルーピングして予定工数が表示されている画面

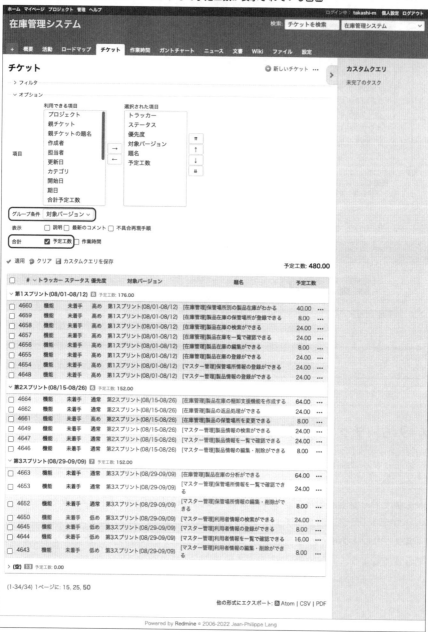

4-10

アジャイル開発プロジェクトを
運用する

アジャイル開発の場合、ウォーターフォール型プロジェクトと比べてタイムボックスの期間が短いこともあり、進捗はデイリーで管理をしていくことが重要です。

図 4-10-1 スプリントの対象バージョンでフィルタリングされたチケット一覧画面

ホーム マイページ プロジェクト 管理 ヘルプ				ログイン中：takashi-m　個人設定 ログアウト

在庫管理システム　検索：チケットを検索　在庫管理システム

+	概要	活動	ロードマップ	チケット	作業時間	ガントチャート	ニュース	文書	Wiki	ファイル	設定

チケット　　　　　　　　　　　　　　　　　　　　　　　◎ 新しいチケット …

> フィルタ
☑ 対象バージョン　等しい　在庫管理システム - 第1スプリント(08/01-08/12)　フィルタ追加
> オプション

✔ 適用　◎ クリア　🖫 カスタムクエリを保存

#	トラッカー	ステータス	優先度	題名	担当者	
☐ 4655	機能	着手中	高め	[在庫管理]製品在庫の登録ができる	安西 博満	…
☐ 4654	機能	着手中	高め	[マスター管理]保管場所情報の登録ができる	川名 真里	…
☐ 4648	機能	着手中	高め	[マスター管理]製品情報の登録ができる	大橋 宏行	…
☐ 4660	機能	未着手	高め	[在庫管理]保管場所別の製品在庫がわかる	川名 真里	…
☐ 4659	機能	未着手	高め	[在庫管理]製品在庫の保管場所が登録できる	宮本 吉之助	…
☐ 4658	機能	未着手	高め	[在庫管理]製品在庫の検索ができる	安西 博満	…
☐ 4657	機能	未着手	高め	[在庫管理]製品在庫を一覧で確認できる	大橋 宏行	…
☐ 4656	機能	未着手	高め	[在庫管理]製品在庫の編集ができる	大橋 宏行	…

(1-8/8)

他の形式にエクスポート：🔊 Atom | CSV | PDF

Powered by Redmine © 2006-2022 Jean-Philippe Lang

4-10-1　進捗管理

スクラムのデイリーミーティングなどを行い、日々チケット一覧画面で現在のスプリントのチケット一覧を表示して進捗を確認していきましょう。

チケット一覧を開き、フィルタで「対象バージョン」を現在のスプリントと「等しい」

にして適用し、一覧を表示させます。グループ条件に「担当者」をセットし、「最新の
コメント」にチェックを入れて表示させると、現在の状況を含めてわかりやすく見るこ
とができます。

図 4-10-2　条件でフィルタリングされたチケット一覧画面

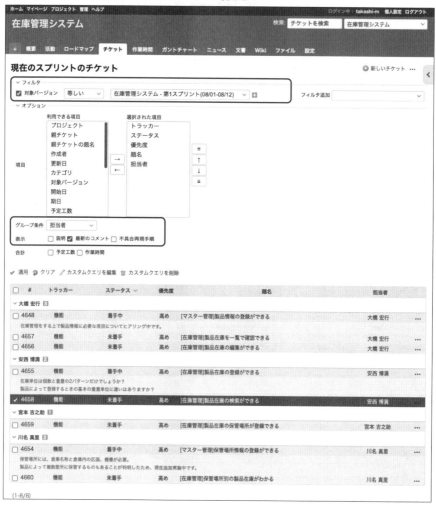

　スプリント期間中、プロジェクトのメンバーが容易にこの条件のチケット一覧を見ら
れるように、カスタムクエリとして保存しておきます（2-15「特定のフィルタをワン
クリックで呼び出せるようにする［カスタムクエリ］」p.60 参照）。
　各タスクの進捗確認については、チケットの進捗率で確認するのではなく、日々チケッ

トが終わったかどうかの「ステータス」で確認していくのが良いでしょう。

スプリント全体の進捗確認については、ロードマップ画面で見るか、あるいは表計算ソフトなどでバーンダウンチャートを作成して見える化すると良いでしょう。

図 4-10-3　ロードマップ画面

4-10-2　スケジュールの変更

スケジュールが遅れた場合は、現在のスプリント期間内で完了しなかったチケットについて、優先順位を決めて次のスプリントに入れていく必要があります。

スプリントはクローズドリストであるため、次のスプリントにすでにチケットがスプリント期間分全て埋まっている場合は、優先順位を考慮して、さらにその次のスプリントのチケットと入れ替えるかどうかを検討します。

4-9「アジャイル開発プロジェクトを計画する」p.163 で確認したように、チケット一覧画面で対象バージョンでグルーピングを行い、各スプリントに適切な予定工数で収まっているかを確認しましょう。

◎ COLUMN ◎

Lychee Redmine（バックログ・カンバン）の紹介

　Lychee Redmine は、Redmine のプロジェクト管理の機能を強化したクラウドサービスです。

　アジャイル開発やタイムボックス管理で計画するのに有効なバックログの機能がLychee Redmine にはあります。バックログで計画した後、カンバンの機能で進捗管理をしていくことができます。

バックログの画面

カンバンの画面

バックログで計画する

　最初に、バックログ画面でスプリントを作成していきます。バックログ画面の右端にある「バックログ」に要件を追加していきます。

要件が追加されている「バックログ」の画面

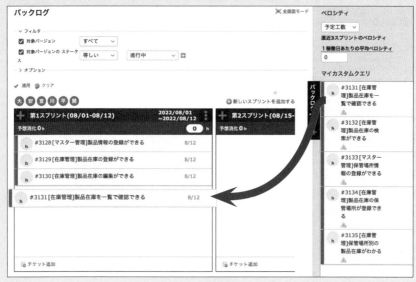

要件に優先順位を付け、高い順から並び替えていきます。
優先順位の高い要件から、直近のスプリントに割り当てていきます。

直近のスプリントの画面

各要件を満たすのにかかる工数を見積もっていき、そのスプリントの中に収まらない場合は、次のスプリントに移動させます。次に優先順位の高いものから担当者をアサインします。

カンバンで進捗管理する

　各担当者は優先順位の高いものから順に、工数が大きければタスク分割を行います。各担当者はタスクに着手したら「進行中」にドラッグし、完了したら「完了」の列まで移動します。

ステータスを進めているカンバンの画面

Lychee Redmine のガントチャートと連携

　Lychee Redmine のカンバンは、ガントチャートと連携されています。

　カンバンでチケットの進捗を更新したり完了したりすると、自動的にガントチャートに反映されるので、マネージャーはガントチャートを確認するだけで、進捗状況が把握できます。

　Lychee Redmine のバックログ・カンバンを使うと、Redmine のタスク管理がよりわかりやすく使いやすくなり、運用も楽になるでしょう。

カンバンを更新している画面

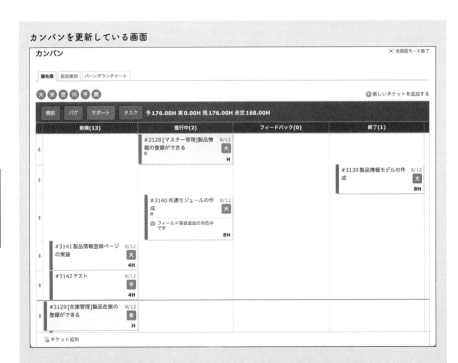

カンバンを更新した内容がガントチャートに反映されている画面

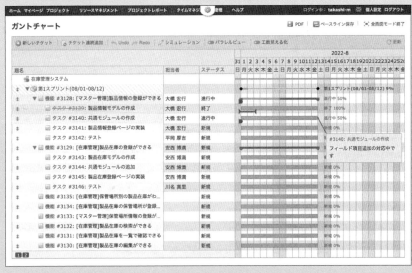

4-11

ガントチャートで進捗を確認する

　ウォーターフォール型プロジェクトなど日程ベースで進捗を確認するには、ガント
チャートで行うのが適しています。

図 4-11-1　ガントチャート画面

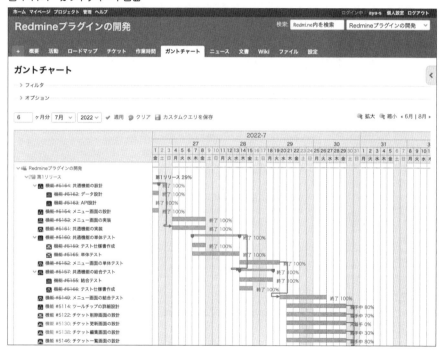

4-11-1　ガントチャートの表示

　ガントチャート画面はチケット一覧とは異なり、改ページして見るのではなく、プロ
ジェクトの全てのチケットが表示され、スクロールしながら俯瞰的に全てのチケットの
進捗状況を確認できます。

チケット一覧と同じように、フィルタを使ってチケットを絞り込むこともできます。

ガントバーを表示させてイナズマ線を描画させると、現時点において進んでいるのか遅れているのかという進捗度合いも一目でわかります。

ただし、ガントバーを表示させるには、開始日・終了日の入力が必須です。チケットの進捗率を進めると、イナズマ線もそれに応じて進んだものが描画されます。

以降では、ガントチャート画面の仕様について解説します。

データ列を表示する

オプションの「表示」にチェックを入れ、「利用できる項目」から表示したいデータの項目を選択して適用します。

図 4-11-2　ガントチャートでチケットのデータ項目を表示している様子

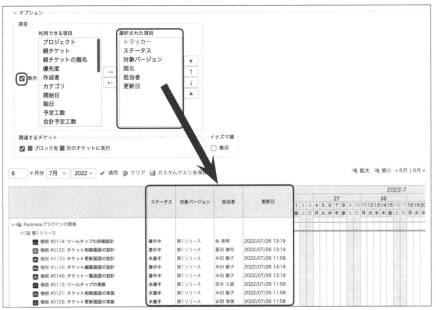

チケット名の色

進捗状況に応じて、チケット名の色が変わります。

表 4-11-1　チケット名の色とその意味

色	意味
赤	期日を超過しています
オレンジ	予定より遅れています
青	予定通り、または前倒しで進んでいます。 開始日を迎えていないチケットも含まれます

ガントバーの色

　全体の期間を 100% として、開始日がすでに来ているチケットは今日時点の進捗率が緑色で、遅れている部分は赤色で、予定は灰色で表示されます。

　開始日・期日、今日の日付とチケットの進捗率ごとに色分けされているため、ガントチャートを見れば、チケットごとの進捗がすぐにわかります。

　赤い部分があるチケットは今日時点で遅れているチケットだと一目で判断できるでしょう。

図 4-11-3　ガントバーの色の画面

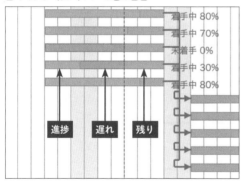

親子チケット

　ガントバーの両サイドがカギのような形になっているのが親チケットです。親チケットが表示している期間は、保有している子チケットの最も早い開始日のものから最も遅い期日となります。

図4-11-4　親子チケットの画面

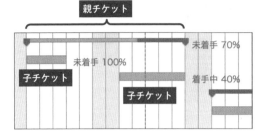

先行・後続関係

　作業していく上で制約になるチケット間の関係もガントチャート上で確認できます。チケット詳細画面で「関連するチケット」に設定された「他のチケットとの関係」は矢印で示されます。「次のチケットに先行する / 次のチケットに後続する」のチケットは青い矢印、「ブロックしている / ブロックされている」のチケットは赤い矢印でつながれます。

図4-11-5　先行・後続関係がわかる画面

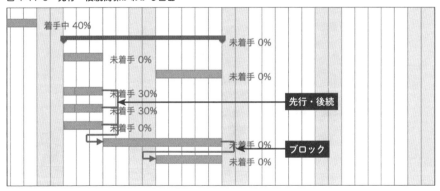

イナズマ線

　イナズマ線を描画すると進捗がいっそう一目で把握しやすくなります。

　イナズマ線は赤い実線、現在の日付は赤い点線で表されます。現在よりイナズマ線が右にあれば予定より進んでいて、左にあれば遅れていることがわかります。

図 4-11-6　イナズマ線の画面

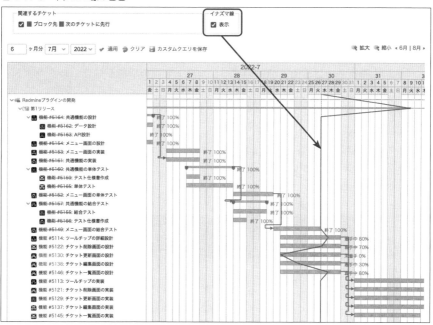

Lychee Redmine（ガントチャート）の紹介

　Lychee Redmine は、Redmine のプロジェクト管理の機能を強化したクラウド
サービスです。

　Lychee Redmine のガントチャートは、Redmine のガントチャートをより便利に
したものです。

　チケット追加や日付変更なども全てガントチャート上でできるため、Redmine
でのプロジェクト管理がいっそう容易になります。

Lychee ガントチャートの画面

Redmine のガントチャート

　ガントチャートはタスクの進捗を確認するのにとても便利なツールです。プロ
ジェクトの開始から終了までのスケジュールを視覚的に確認できます。

　Redmine でガントチャートを作成するには、チケットにタスクの内容や進捗な
どの情報を登録します。開始日と期日をしっかり入力しておくことで、それを元に

ガントチャートが作成されます。

　自動的にチケットの情報が反映され、ガントチャートが作成されますが、Redmine のガントチャートは閲覧のみが可能です。ガントチャートの閲覧中に変更や更新をしたいと思っても、チケット画面から入力しなければ変更は反映されません。

Lychee Redmine のガントチャート

　そんな一手間を省けるのが、「Lychee Redmine のガントチャート」です。

　これは、閲覧のみではなく、Redmine のガントチャートを直接触れるようにしたものです。ガントチャート上で直感的に操作し、チケットの作成や変更ができるため、チケット画面に遷移する手間を省けます。

プロジェクトの WBS を作成し計画する

　チケット連続追加機能を利用し、WBS のチケットを連続して追加していきます。

連続してチケットを入力している画面

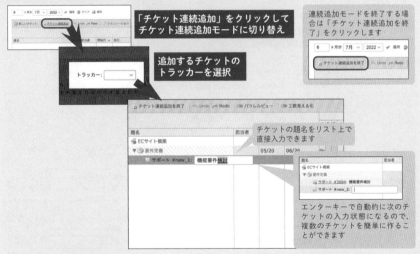

　表計算ソフトのように、チケットのタイトルを入力してエンターキーでチケットが作成され、次のチケットを入力していくことができます。

　タスク分割をして親子チケットにするには、選択したチケットをドラッグして親チケットのところでドロップします。

ドラッグして親子チケットにしている画面

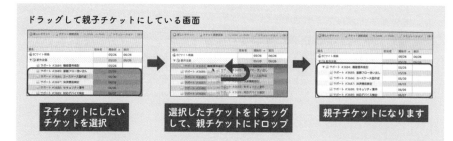

子チケットにしたい
チケットを選択

選択したチケットをドラッグ
して、親チケットにドロップ

親子チケットになります

　ガントエリアで各チケットの開始日から期日までをドラッグすることで、日程を
引いていくことができます。

日程を引いている画面

　順序のあるタスクはガントバーの後ろにある「+」をクリックして、後続チケットのガントバーをクリックすることで、先行・後続関連の矢印がつきます。

先行・後続関連をつけている画面

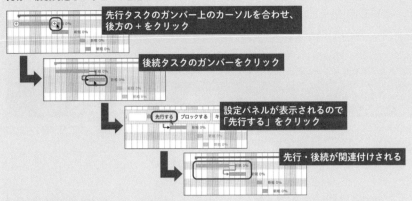

先行タスクのガンバー上のカーソルを合わせ、後方の + をクリック

後続タスクのガンバーをクリック

設定パネルが表示されるので「先行する」をクリック

先行・後続が関連付けされる

　先行・後続関係がついていると、オプションからクリティカルパスを表示できます。

　また、プロジェクトやバージョンの行で重要なイベントとしてマイルストーンを作成することができ、チケットと結びつけて遅れていないかの確認ができます。

クリティカルパスとマイルストーンを表示している画面

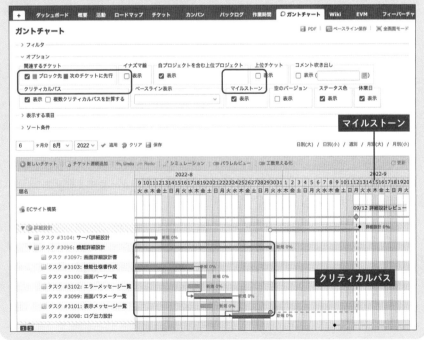

各チケットで工数を入力している場合、「工数見える化」をクリックすることで、担当者別の日ごとの工数を見える化でき、稼働の負荷が高ければすぐにガントバーを調整して負荷分散ができます。

工数が見える化されている画面

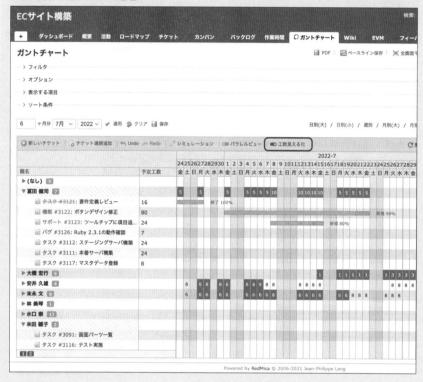

　このように、Lychee ガントチャートは Redmine のガントチャートでかかる手間を省き、さまざまな進捗の見える化ができ、より進捗管理がしやすくなります。

4-12

親子チケットの進捗率を管理する

　チケットの進捗率は、単独のチケットであればそのままですが、親子チケットになると親チケットの進捗率は子チケットの値から算出されることになります。ケースによって少し複雑な進捗率の算出ロジックがあるので、ここで解説します。（親チケットの値の算出方法が「子チケットの値から算出」の設定になっている場合（5-12「チケットトラッキングの設定を行う」p.289 参照））。

4-12-1　予定工数が入っていない親子チケット

　予定工数が入っていない親子チケットの場合、親チケットの進捗率は複数の子チケットの進捗率を按分した形で計算されます。
　子チケットが 2 つある場合、1 つの子チケットの進捗率が 100％でもう一つが 0％のとき、親チケットは按分され、進捗率は 50％になります。

図 4-12-1　進捗率の計算

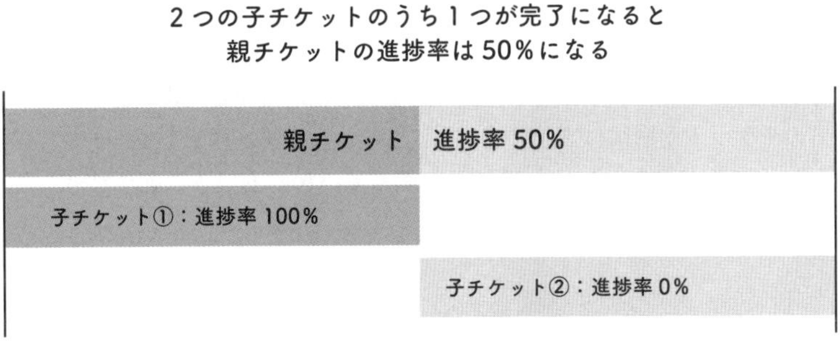

**2 つの子チケットのうち 1 つが完了になると
親チケットの進捗率は 50％になる**

親チケット	進捗率 50％
子チケット①：進捗率 100％	
	子チケット②：進捗率 0％

4-12-2　予定工数が入っている親子チケット

　予定工数が入っていると、その分の重みを加味して計算されます。
　たとえば、予定工数が 70 時間と 30 時間の 2 つの子チケットがあり、親チケットが合計で予定工数 100 時間とします。70 時間の子チケットが完了になったら、親チケッ

トは 70％が完了したことになります。予定工数が入っていないチケットとの違いは、単純に 2 つのうち 1 つが終わっても進捗率が 50％とはならない点です。

図 4-12-2　予定工数を加味した進捗率の計算

子チケット①（予定工数 70 時間）、子チケット②（予定工数 30 時間）をもつ親チケット③の進捗率は、次式で求められます。

親チケット③の進捗率 ＝

$$\frac{((チケット①の予定工数 \times チケット①の進捗率)+(チケット②の予定工数 \times チケット②の進捗率))}{(チケット①の予定工数 + チケット②の予定工数)}$$

	子チケット① 予定工数：70 時間	子チケット② 予定工数：30 時間	親チケット③の 進捗率	計算式
1	進捗率：100%	進捗率： 0%	**70%**	$((70h \times 100\%) + (30h \times 0\%)) \div (70h + 30h) = 0.7$
2	進捗率： 20%	進捗率：70%	**35%**	$((70h \times 20\%) + (30h \times 70\%)) \div (70h + 30h) = 0.35$
3	進捗率：100%	進捗率：40%	**82%**	$((70h \times 100\%) + (30h \times 40\%)) \div (70h + 30h) = 0.82$

●補足ルール
・予定工数がセットされていない場合、親チケット内子チケットの予定工数の平均値を採用する。
・予定工数がセットされているチケットがない場合はすべてのチケットは予定工数を 1.0 と見なして計算。
・終了ステータスの場合、チケットが完了しているとみなし、進捗率は 100％とみなす。

4-12-3　ガントチャートで進捗が遅れて見えるケース

たとえば 2 つのチケットがあり、1 つは予定工数 10 時間のチケット、もう一つが 90 時間のチケットとします。予定工数の多いチケットは明日から始まるチケットだった場合、片方のチケットが順調に完了しているにもかかわらず、親チケットとしては按分しているため 100 分の 10 となり、10％しか進んでいないということになり、イナズマ線で見ると遅れているように見えます。

図 4-12-3　進捗が遅れて見える「ガントチャート」画面

　これは、未来日として明日から着手予定の工数がとても重いチケットになっているためです。日程としては順調に進んでいるように見えても、予定工数を加味すると親チケットとしては進捗が遅れているという状態に見えることがあります。チケットの粒度が違う子チケットを複数作る場合は、按分のバランスが崩れるので注意が必要です。

日々のプロジェクト運用

4-13

進捗率を使わないで 進捗管理をする

　進捗率をパーセンテージ（%）で管理すると、担当者の主観が入り込む余地が生まれ、進捗率がなかなか 100% にならないという問題が起こりやすくなります。

　また、実際には計画より作業が遅れていても、良くない報告はしたくないという担当者の心理が働き、計画通りにいっているように装ってしまうこともあります。そうなれば、正確な進捗管理を行えなくなってしまいます。

　この問題は、進捗率が 90% ぐらいになったときに、「品質レベルが到達していない」「思ったより進んでいない」といった問題として表面化します。

　このように、進捗率が 90% のままなかなか終わらない状態を、90% シンドロームといいます。90% シンドロームに対処するために、進捗率を使わないで進捗管理をする方法を 2 つ紹介します。

図 4-13-1　90% シンドローム

●**進捗率の認識のズレ**

● 担当者の主観で進捗率を入力してしまう。
　→個々の主観値によって
　　プロジェクト全体の進捗が左右されてしまう。

● 社内での統一基準を決めるのが難しい。

●**タスク粒度が大きい**

● タスクの粒度が大きいと、
　タスクの中途状況を把握するためには
　進捗率が必要になる
　→粒度が大きくなるほど、進捗率のズレも広がる。

4-13-1 ステータスで進捗を管理する

90%シンドロームの対処法の1つ目は、「ステータス」で進捗を把握する方法です。

Redmineのチケットの進捗を表す項目には「新規」「進行中」「終了」という「ステータス」があります。

ステータスごとに、対応する進捗率を決めることで、進捗を管理しやすくなります。

表 4-13-1　ステータスに対応する進捗率を決める

ステータス	進捗率
新規	0%
進行中	50%
終了	100%

「進行中」ステータスの進捗率を50%と設定した場合、ステータスを「新規（未着手）」から「進行中」に変更することで、自動的に進捗率が50%となります。

図 4-13-2　進捗率が設定されたチケットのステータス一覧画面

189

図 4-13-3　新規（未着手）ステータス時は進捗率が0%になる

図 4-13-4　ステータスを「進行中」に変更すると、進捗率が50％に変わる

　このように、ステータスと進捗率を連動させることによって、進捗率の更新漏れもなくなり、運用しやすくなります。

　ただ、チケットの粒度が大きいと、ステータスが進行中（50％）のまま変わらない状態が続き、管理者にとっては実際に進んでいるのかわからなくなります。この問題を避けるためには、チケットの粒度を小さく（分割する）するか、または「進行中」ステータスを「進行中30％」「進行中50％」「進行中80％」などに分割します。

> **NOTE** 進捗率とステータスの連動設定は慎重に検討する

　進捗率のステータス連動の設定は、「管理」→「設定」画面の「チケットトラッキング」タブを開き、「進捗率の算出方法」から「チケットのステータスに連動」を選択して行います。ただし、この設定は、Redmine全体に共通の設定となるため、組織としてステータス連動による管理ができるかどうかは、すべてのプロジェクトの共通方針として決める必要があります。

図 4-13-5　チケットトラッキングの進捗率の算出方法の画面

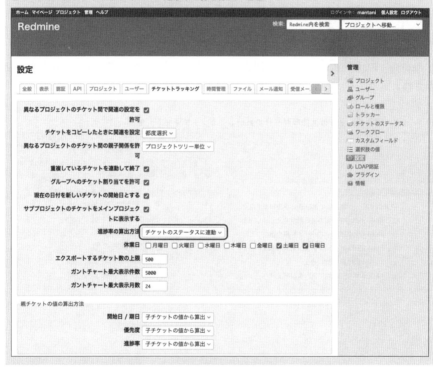

4-13-2　成果で進捗を管理する

　90％シンドロームの対処法の2つ目は、成果で進捗を把握する方法です。

　これは、タスクを分割して親子チケットとし、完了した子チケットの数を成果として親チケットの進捗率で進捗を管理する方法です。

　たとえば、5日間のチケットを5つの子チケットに分割します。そのうちの3つが完了すると、親チケットの進捗率が60％となります。

成果で進捗を管理するとより実態に即した管理となるため、筆者としてはこの進捗管理方法をお勧めします。

図 4-13-6　タスクを分割し成果で進捗を管理する

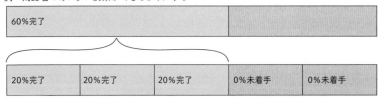

例：商品名のあいまい検索ができるようにする

60%完了	

20%完了	20%完了	20%完了	0%未着手	0%未着手

Redmine の「ガントチャート」画面では、親子チケットの進捗率が分かりやすく表示されます。

図 4-13-7　親子チケットの進捗率が一目でわかる「ガントチャート」画面

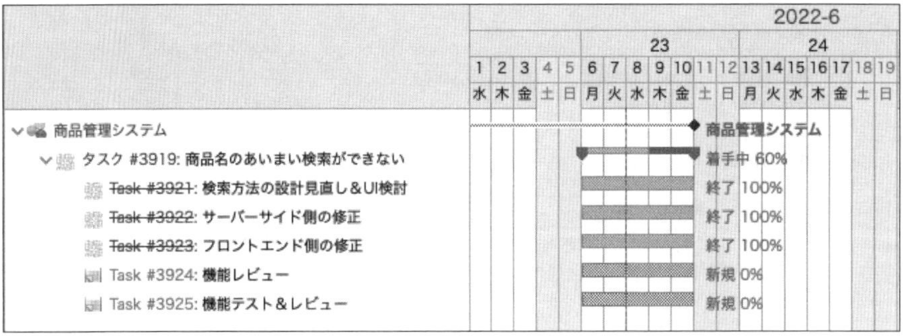

			2022-6		
			23	24	
	1 2 3 4 5	6 7 8 9 10 11 12	13 14 15 16 17 18 19		
	水 木 金 土 日	月 火 水 木 金 土 日	月 火 水 木 金 土 日		

✓ 商品管理システム	◆ 商品管理システム
✓ タスク #3919: 商品名のあいまい検索ができない	着手中 60%
Task #3921: 検索方法の設計見直し＆UI検討	終了 100%
Task #3922: サーバーサイド側の修正	終了 100%
Task #3923: フロントエンド側の修正	終了 100%
Task #3924: 機能レビュー	新規 0%
Task #3925: 機能テスト＆レビュー	新規 0%

4-14

プロジェクトメンバーの活動状況を把握する

Redmine の「活動」画面では、チケットの作成やプロジェクトの情報の更新など、プロジェクトメンバーの活動を時系列で把握することができます。

図 4-14-1 「活動」画面

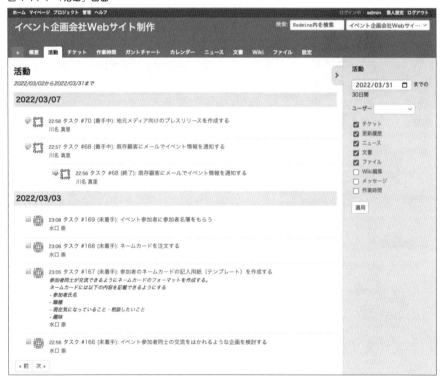

4-14-1 プロジェクトの活動を表示する

プロジェクトの「活動」画面を表示すると、チケットやプロジェクトの更新履歴、リポジトリへのコミット情報、ニュース、文書、ファイル、Wiki 編集、作業時間が表示

日々のプロジェクト運用

されます。デフォルトで表示されていない情報は、「活動」画面右側のチェックボックスをオンにすることで表示できます。

複数のプロジェクトでメンバーになっている場合、プロジェクトを横断した活動状況を確認することもできます。ヘッダーの「**プロジェクト**」をクリックし、「**活動**」タブをクリックします。

図 4-14-2　プロジェクト横断での活動状況を確認する

4-14-2　特定のメンバーの活動を表示する

特定のプロジェクトメンバーにフォーカスした活動状況を確認することもできます。
「活動」画面に表示されているメンバーの名前（図 4-14-2 参照）をクリックすると、メンバーのユーザー画面が表示されます。

図 4-14-3　プロジェクトメンバーのユーザー画面

ユーザー画面右側にある「活動」というリンクをクリックすると、そのメンバーの活動だけを時系列で閲覧することができます。

図 4-14-4　ユーザの「活動」画面

4-15

プロジェクト状況のサマリーを見る

4-15　プロジェクト状況のサマリーを見る

　チケットのサマリー画面は、チケットに関する情報のダッシュボードです。プロジェクト内のチケットがトラッカー、優先度、担当者などの項目ごとに分類され、未完了・完了のチケット数が集計表示されます。

　サマリー画面に表示される情報は、プロジェクトの進捗状況や、担当者ごとのタスク量の把握に役立ちます。

図 4-15-1　サマリー画面

商品管理システム

検索: Redmine内を検索　　商品管理システム ∨

| + | 概要 | 活動 | ロードマップ | チケット | 作業時間 | ガントチャート | ニュース | 文書 | Wiki | ファイル | 設定 |

レポート

トラッカー 🔍

	未完了	完了	合計
タスク	9	4	13
QA	1	1	2
機能	27	6	33
バグ	7	-	7
サポート	4	1	5
Task	-	-	-

優先度 🔍

	未完了	完了	合計
今すぐ	-	-	-
急いで	-	-	-
高め	-	-	-
通常	48	12	60
低め	-	-	-

バージョン 🔍

	未完了	完了	合計
第0スプリント	-	6	6
第1スプリント	20	6	26
第2スプリント	15	-	15
第3スプリント	13	-	13
[なし]	-	-	-

カテゴリ 🔍

	未完了	完了	合計
[なし]	48	12	60

4-15-1　サマリー画面の表示方法

　サマリーを表示させる方法は 2 つあります。

　プロジェクトの「概要」画面で「サマリー」を選択する方法と、チケット一覧画面の

右上「…」メニューから「サマリー」を選択する方法です。

図 4-15-2　サマリー画面の表示方法

4-15-2　サマリーとグラフ表示

　サマリー画面では、「トラッカー」「優先度」「担当者」「作成者」「バージョン」「カテゴリ」ごとに、未完了・完了のチケット数と、それらの合計数を表形式で確認できます。

図 4-15-3　レポート画面

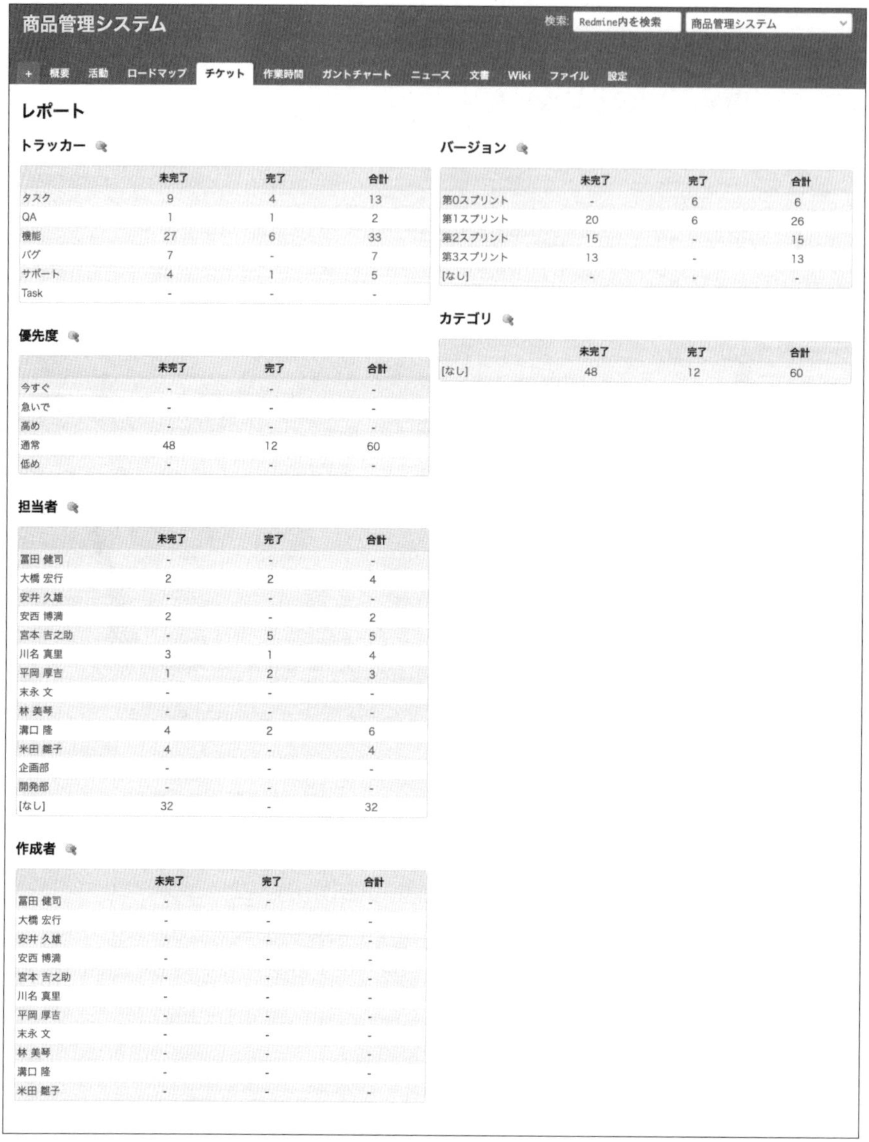

商品管理システム　　　　　　検索: Redmine内を検索　商品管理システム ⌄

+ 概要　活動　ロードマップ　**チケット**　作業時間　ガントチャート　ニュース　文書　Wiki　ファイル　設定

レポート

トラッカー 🔍

	未完了	完了	合計
タスク	9	4	13
QA	1	1	2
機能	27	6	33
バグ	7	-	7
サポート	4	1	5
Task	-	-	-

バージョン 🔍

	未完了	完了	合計
第0スプリント	-	6	6
第1スプリント	20	6	26
第2スプリント	15	-	15
第3スプリント	13	-	13
[なし]	-	-	-

優先度 🔍

	未完了	完了	合計
今すぐ	-	-	-
急いで	-	-	-
高め	-	-	-
通常	48	12	60
低め	-	-	-

カテゴリ 🔍

	未完了	完了	合計
[なし]	48	12	60

担当者 🔍

	未完了	完了	合計
冨田 健司	-	-	-
大橋 宏行	2	2	4
安井 久雄	-	-	-
安西 博満	2	-	2
宮本 吉之助	-	5	5
川名 真里	3	1	4
平岡 厚吉	1	2	3
末永 文	-	-	-
林 美琴	-	-	-
溝口 陸	4	2	6
米田 麗子	4	-	4
企画部	-	-	-
開発部	-	-	-
[なし]	32	-	32

作成者 🔍

	未完了	完了	合計
冨田 健司	-	-	-
大橋 宏行	-	-	-
安井 久雄	-	-	-
安西 博満	-	-	-
宮本 吉之助	-	-	-
川名 真里	-	-	-
平岡 厚吉	-	-	-
末永 文	-	-	-
林 美琴	-	-	-
溝口 陸	-	-	-
米田 麗子	-	-	-

　各分類の右側にある虫眼鏡アイコンをクリックすると、全てのステータスごとに集計された表とグラフが表示されます。

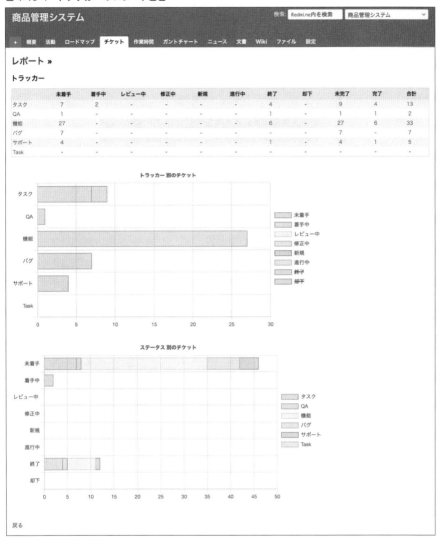

図 4-15-4　トラッカーのレポート画面

	未着手	着手中	レビュー中	修正中	新規	進行中	終了	却下	未完了	完了	合計
タスク	7	2	-	-	-	-	4	-	9	4	13
QA	1	-	-	-	-	-	1	-	1	1	2
機能	27	-	-	-	-	-	6	-	27	6	33
バグ	7	-	-	-	-	-	-	-	7	-	7
サポート	4	-	-	-	-	-	1	-	4	1	5
Task	-	-	-	-	-	-	-	-	-	-	-

　表内の各数値はハイパーリンクになっており、クリックするとその値の条件でフィルタリングされたチケットが一覧表示されます。

図 4-15-5　サマリーからのリンクでチケット一覧を表示

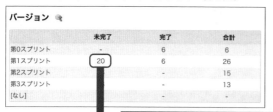

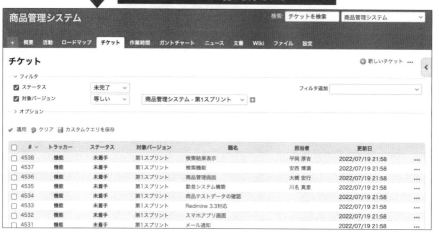

数字をクリックするとその条件でフィルタリング
された状態のチケット一覧が表示される

4-16

プロジェクトメンバーに
ニュースを伝える

4-16-1　ニュースが表示される場所

　プロジェクトの全メンバーに知らせたいことがあれば、「ニュース」として掲載します。「ニュース」に追加した情報は、ニュース画面、ホーム画面、プロジェクトの概要画面などに表示されます。

図 4-16-1　ニュース画面に表示されたニュース

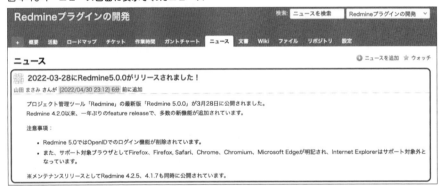

図 4-16-2　ホーム画面に表示されたニュース

図 4-16-3　プロジェクトの概要画面に表示されたニュース

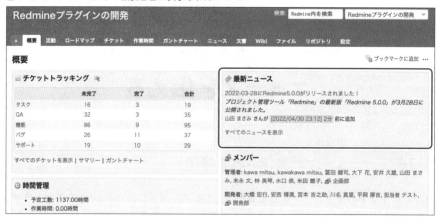

メール通知の設定をすることで、ニュースが追加されるごとに、その内容を通知することができます。

4-16-2　ニュースを追加する

「ニュース」タブをクリックすると、ニュースの一覧が表示されます。この画面右上の「ニュースを追加」をクリックすると、「ニュースを追加」画面が表示されます。

図 4-16-4　ニュースを追加画面

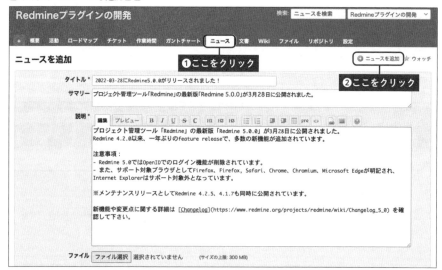

ニュースを追加する別の方法

「＋」ドロップダウンで「ニュースを追加」を選択すると、ニュースを追加することができます。

表 4-16-1　ニュースを追加

名称	詳細
タイトル	ニュース一覧のタイトルです
サマリー	ニュースの概要です。サマリーに入力した情報は、ニュース画面とホーム画面、プロジェクトの概要画面に表示されます。プロジェクト概要画面とホーム画面には「説明」ではなく「サマリー」の内容が表示されることに注意してください
説明	ニュース画面にのみ表示されます
ファイル	必要に応じて、ニュースにファイルを添付することもできます

NOTE **ニュースの追加をメールで通知するには**

ニュースの追加をメールで通知するには、管理画面→設定→メール通知を開き、「ニュースの追加」をオンにします。詳細は 5-13「メール通知の設定を行う」p.292 を参照してください。

NOTE **ニュースの追加に必要な権限**

ニュースの追加を行うには、ニュースの管理の権限が必要です。管理者権限以外のロールでニュースを追加できるようにするには、システム管理者に権限の割り当てを依頼してください（5-18「ロールと権限を設定する」p.310 を参照）。

日々のプロジェクト運用

4-17

グループを利用して
メンバー管理をしやすくする

　プロジェクトのメンバー管理を行う際、1ユーザーずつ追加や削除をすることもできますが、可能な限りグループ単位で追加や削除をする方が後にメンテナンスが楽になります。

図4-17-1　グループとしてプロジェクトに参加する

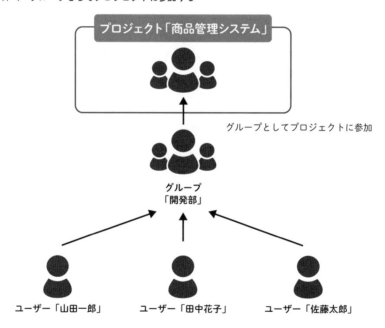

4-17-1　グループを利用しない場合

　特定のユーザーのみをプロジェクトに追加したい場合は、そのユーザーを追加することで良いでしょう。

　ただ、ほとんどの組織では、社員は何らかの部署やチームに所属しています。同じ部

署やチームにおいては、同じプロジェクトに参画しているケースが多いはずです。

　たとえば、開発部では3つのプロジェクトを運用していると仮定します。その開発部に新しい人が配属されると、3つのプロジェクトに追加する必要があります。また、開発部からの異動があれば、3つのプロジェクトから削除し、新しい部署のプロジェクトに追加する必要があります。各プロジェクト管理者は、それらの責務を担う必要があり、漏れや間違いが発生する可能性が高まります。

4-17-2　グループを利用してメンバー管理をする

　この方法は、プロジェクトへのメンバー追加は、原則1ユーザーではなく、グループ単位で追加します。

　次の図は、あるプロジェクトに開発部のメンバーを追加した様子です。

図 4-17-2　開発部が追加されたプロジェクト設定のメンバータブ画面

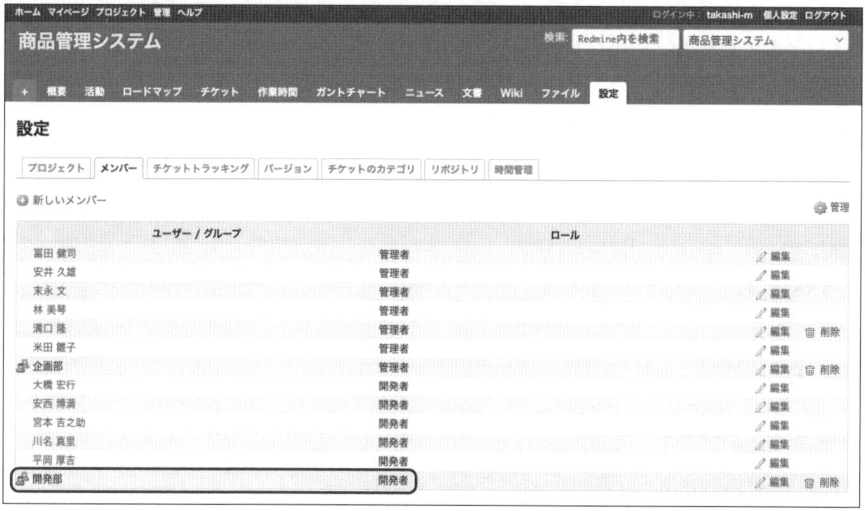

　このように管理すると、仮に開発部に新しいメンバーが配属された場合でも、システム管理者は開発部グループに新しいメンバーを追加するだけで、開発部が追加されている全てのプロジェクトに、新しいメンバーが自動的に追加されます。部署の異動があった場合でも、該当するメンバーを開発部から削除し、新しいグループに追加するだけで参加先のプロジェクトの変更が完了します。

　ユーザー管理の責務を担っているシステム管理者が一元管理できるため、漏れや間違いの可能性も少なくなるでしょう。

4-18

成果物などの情報共有を行う

　Redmine では情報を共有する機能として「Wiki」「文書」「ファイル」の 3 種類があります。共有したい情報によってそれぞれを使い分けましょう。

図 4-18-1　「Wiki」画面

図 4-18-2　「文書」画面

図 4-18-3 「ファイル」画面

4-18-1　用途・利用例・できること・できないこと

各画面の用途、利用例、できること、できないことを表 4-16-1 にまとめます。

表 4-18-1　Wiki、文書、ファイル画面の用途、利用例、できること、できないこと

	Wiki	文書	ファイル
用途	プロジェクトメンバーが自由に情報の追加や更新を行える画面。履歴から過去のバージョンに戻すこともできる	頻繁に書き換えを行わない情報を管理する画面。成果物としてのドキュメントやファイルの管理が主体となる	インターネット上で配布するデータのファイルを管理する画面。
利用例	プロジェクトの進め方やノウハウ・技術情報やマニュアルなどの手順書	完成した提案書や仕様書・承認された議事録	納品物としての圧縮ソースコード・ログデータ
ファイル名検索	○	○	×
ファイルに関係する説明文	○	○	×
権限の設定	○	○	○

4-18-2　「Wiki」の使い方

Wiki ページを作成するには、「Wiki」タブをクリックし、表示された画面右上の「…」ボタンをクリックし、「新しい Wiki ページ」を選びます。

図 4-18-4　新しい Wiki ページ選択画面

新たに追加する Wiki ページの「タイトル」を入力して、「次」ボタンをクリックします。

図 4-18-5　「新しい Wiki ページ」ダイアログ

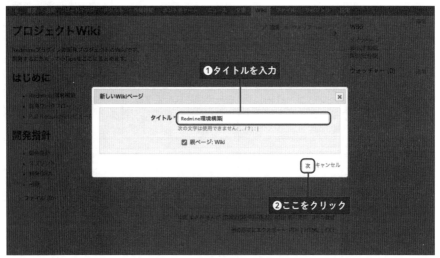

タイトルのみが表示された Wiki ページの編集画面が表示されます。
「編集」タブをクリックし、Wiki ページの内容を記述してください。

図 4-18-6　Wiki ページの編集画面

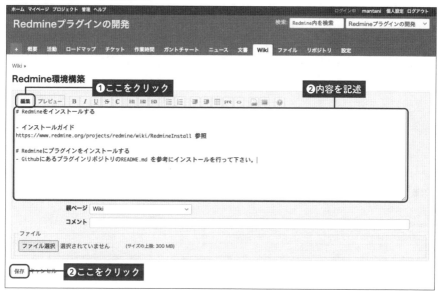

Wiki ページの書式は、Markdown か Textile（2-4「テキスト装飾の書式（Markdown）」
p.27）を利用して、分かりやすく記述します。

編集が済んだら「保存」ボタンをクリックします。
以上で、新しい Wiki ページが作成されます。

4-18-3　「文書」の使い方

文書を作成するには、「文書」タブをクリックし、表示された画面右上の「新しい文書」
リンクをクリックします。

図 4-18-7 「新しい文書」画面

まず「カテゴリ」から適切な文書タイプを選択します。「カテゴリ」には、デフォルトで「ユーザー文書」「技術文書」の2種類が用意されています。カテゴリは変更や追加が可能です。カテゴリを変更するには、5-23「選択肢の値を設定する」(p.336) を参照してください。

「タイトル」と「説明」を入力したら「ファイル選択」ボタンをクリックし、Redmine へアップロードするファイルを選択します。入力が済んだら「作成」ボタンをクリックします。

文書がアップロードされると、その「タイトル」はリンクとなり、リンク先から文書のダウンロードや新しいファイルを追加できるようになります。

4-18-4 「ファイル」の使い方

新しいファイルを追加するには、「ファイル」タブをクリックし、表示された画面右上の「新しい添付ファイル」リンクをクリックします。

図 4-18-8 「新しい添付ファイル」リンクをクリック

「バージョン」は必要に応じて選択してください。Redmine へアップロードしたファイルは、プロジェクトの「バージョン」ごとに分類され、ダウンロード数、チェックサムなどとともに表示されます。

「ファイル選択」ボタンをクリックし、Redmine へアップロードしたいファイルを選択したら「追加」ボタンをクリックします。

図 4-18-9 「新しいファイル」画面

![新しいファイル画面のスクリーンショット]

4-19

担当者を自動的に割り当てる

チケット作成時にチケットの「担当者」が自動的に割り当てられるように設定することで、「担当者」の割り当て漏れを防げます。

図 4-19-1　チケットの担当者がアサインされているチケット詳細画面

4-19-1　チケット作成時に担当者を自動的に割り当てる

　チケットの作成者が「担当者」に誰を割り当てたらよいか分からないケースがあります。こうしたケースに対処するために、デフォルトの担当者にプロジェクト管理者などを割り当てることがあります。

　プロジェクト設定画面の「チケットトラッキング」タブで、「デフォルトの担当者」を設定しておくと、チケット作成時に「担当者」が空欄で作成された場合、担当者として割り当てられます。

図 4-19-2　「チケットトラッキング」タブの「デフォルトの担当者」

4-19-2 カテゴリごとに担当者を自動的に割り当てる

チケットの「カテゴリ」を使うと、カテゴリごとにデフォルトの「担当者」を設定することができます。

たとえば、「デザイン」カテゴリは山田さん、「営業」カテゴリは水口さんなどと、各カテゴリの代表担当者が決まっている場合に効果的です。

図 4-19-3　チケット作成画面で「カテゴリ」を選択すると「担当者」が自動設定される

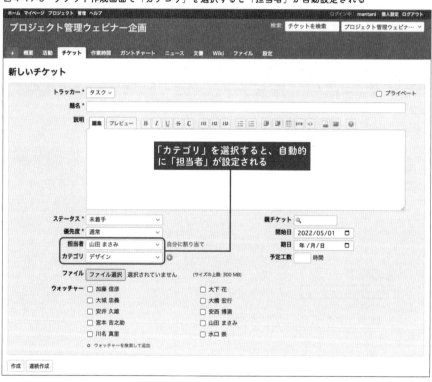

この設定を有効化するには、プロジェクト設定画面の「チケットのカテゴリ」タブをクリックし、各カテゴリに担当者を設定します。

図 4-19-4 「チケットのカテゴリ」の編集画面

NOTE 「担当者」が設定されない

　既存のチケットを編集してカテゴリの設定を行っても「担当者」は設定されません。チケットの新規作成時にのみ有効です。

4-20

対象バージョンを
自動的にセットする

　チケットの作成時に「対象バージョン」が入力されないと、「ガントチャート」画面や「ロードマップ」画面でスケジューリングした工程中にそのチケットが含まれなかったり、リリース時期が不明になったりします。

　このような事態を避けるために、デフォルトで対象バージョンが入力されるように設定します。

図 4-20-1　新しいチケット作成画面でデフォルトのバージョンが設定されている様子

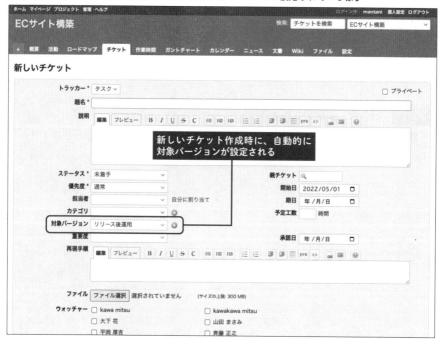

4-20-1　デフォルトバージョンの設定

　プロジェクト設定画面の「**チケットトラッキング**」タブをクリックし、「**デフォルト
のバージョン**」で適切なバージョンを選択します。

図 4-20-2　デフォルトのバージョンの設定

プロジェクト管理の制御

NOTE　**「デフォルトのバージョン」を設定する際の注意点**

　「デフォルトのバージョン」が設定されていると、プロジェクトのフェーズが進ん
だ場合に、誤って古い対象バージョンが設定されてしまう状況が起こり得ます。
　「デフォルトのバージョン」を使う場合は、フェーズやスプリントの変わり目にプ
ロジェクトマネージャーが「デフォルトのバージョン」を変更するようにしましょう。

4-21
管理者だけが
チケットのステータスを
完了できるようにする

　担当者がタスクのワークフローを全て進められるものもあれば、管理者がレビューをすべきタスクもあります。このような場合に、ワークフローの設定で、管理者だけがレビューを完了できるように制限をかけることができます（詳細は 5-21「ワークフローを設定する」p.322 参照）。

図 4-21-1　チケット編集画面でステータスの選択肢が「レビュー待ち」までになっている

```
編集

プロパティの変更

プロジェクト *  第2営業部門                         ▽              □ プライベート
トラッカー *   見積書 ▽   ⑨
題名 *        〇〇ホールディングス　見積書作成

説明        ┌─────────────────┐
ステータス     │   未着手             │          親チケット  🔍
優先度      │ ✓ 着手中             │          開始日    2022/05/15  ▢
          │   レビュー待ち        │          期日     年 / 月 / 日  ▢
担当者 *      川名 真里            ▽            予定工数 *  3.00  時間
                                           進捗率    50 %         ▽

会社名 *      〇〇ホールディングス株式会社           郵便番号   540-0012
会社名（カナ）  マルマルホールディングス               住所1    大阪府
部署名       営業部                           住所2    大阪市中央区谷町1-3-12
部署名（カナ）  エイギョウブ                        住所3
見積金額                                    住所1（カナ）  オオサカフ
企業担当者     田中　一朗                        住所2（カナ）  オオサカシタニマチ1-3-12
企業担当者（カナ）タナカ　イチロウ                    住所3（カナ）
Email      tanaka@example.com                アクセス（最寄り駅） 地下鉄谷町線『天満橋駅』3番出口から徒歩1:
Tel        00-0000-0000

時間を記録

作業時間        時間                        作業分類   設計作業        ▽
コメント

コメント
```

4-21-1 　担当者がステータスを遷移できないように設定する

「管理」→「ワークフロー」画面の「ステータスの遷移」タブを開き、「ロール」を「作業担当者」に設定し、レビューが必要な「トラッカー」を選択して「編集」ボタンをクリックすると、次のようなマトリックスが表示されます。

・縦軸：現在のステータス
・横軸：遷移できるステータス

　これらの中から「遷移できるステータス」の「レビュー待ち」より後ろの「レビュー中」「終了」の列のチェックをオフにします。

　「現在のステータス」としても「レビュー中」と「終了」にはならないため、この行のチェックもオフにします。

図 4-21-2 　「遷移できるステータス」「現在のステータス」の「レビュー中」「終了」をオフに

プロジェクト管理の制御

4-21-2　管理者はすべてのステータスを遷移できるように設定する

　上記と同様に、「管理」→「ワークフロー」画面の「ステータスの遷移」タブを開いて設定します。

　「ロール」を「管理者」にし、担当者と同じ「トラッカー」を選択して「編集」ボタンをクリックします。

　「遷移できるステータス」と「現在のステータス」のすべての列のチェックをオンにします。

図 4-21-3　「遷移できるステータス」「現在のステータス」共にすべてをオンに

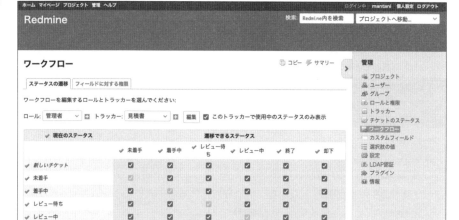

　このように設定することで、「担当者」がチケットを作成後、「ステータス」を「新規」から「進行中」に、「進行中」から「レビュー待ち」にと遷移でき、その後「管理者」が「レビュー待ち」から「レビュー中」、「終了」とワークフローを進められます。

4-22

ワークフローを進めるために 特定のフィールドを 必須項目にする

　たとえば、請求書を送る際には住所の情報が必要だったり、見積もり作業をするために工数の情報が必要だったりなど、仕事を進めるうえで必ず必要となる情報があるでしょう。

　チケットで依頼する際やワークフローを進めるときには、必要な情報を必須項目として設定できます。

4-22-1　カスタムフィールドを必須項目にする

　カスタムフィールドの場合は、「管理」→「カスタムフィールド」画面で任意のカスタムフィールドを選び、「必須」をオンにすることで、必須項目となります。

図 4-22-1　チケットの住所フィールドを「必須」にしている画面

4-22-2　標準フィールドを必須項目にする

　標準フィールドを必須項目にするには、管理者権限が必要です。「管理」→「ワークフロー」画面の「フィールドに対する権限」タブを開き、編集したい「ロール」と「トラッカー」を選択し、「編集」ボタンを押すと一覧が表示されるため、そこで「必須」を選択します。

　必須項目を設定すると、チケットの編集画面でフィールド名に赤い「*」印がつきます。

図 4-22-2　必須項目となった標準フィールド「住所」

4-22-3　　必須項目が多いとチケット作成が負担になる

　最初は必須項目が少なくても、業務を進めるうちに利用形態が多様化し、必須項目が増えていくことがあります。

　たとえば、「住所」フィールドで難読漢字が頻出すると、「よみがな」フィールドを必須項目にしたくなるといったケースが典型です。チケット作成時に、必須項目が10個以上あるといったケースもあり得るでしょう。

　必須項目が多くなりすぎると、チケット作成時の負担が増え、チケットを作らずに仕事を進めてしまう可能性が高くなるため、注意が必要です。

図 4-22-3　チケット作成画面で必須項目が 10 個ある画面

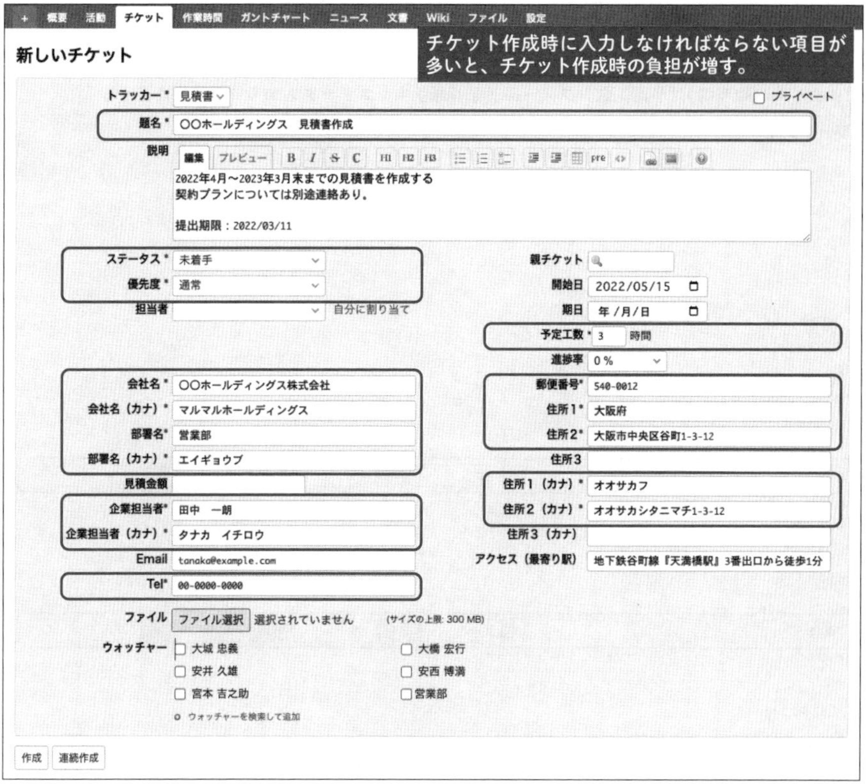

4-22-4　チケット作成時の必須項目数を抑えてチケットを作りやすくする

　プロジェクト管理者の立場から、チケット作成時に「予定工数」フィールドを必須項目として管理したくなることがあります。しかし、「予定工数」は「担当者」が決まっていないと分かりにくかったり、工数見積りを経ないと入力できないこともあります。

　また、プロジェクト管理の側面からは、チームメンバーが思いついたとき、すぐにチケットを作成できるよう、チケット作成時の必須項目を必要最小限に抑えて、チケットを作りやすくする工夫も重要です。

　プロジェクト管理者が管理しやすく、かつチームメンバーがチケットを作りやすくするには、タスクのワークフローを進める過程でフィールドを必須入力に変えていくという方法が有効です。

　たとえば、先ほどの「担当者」や「予定工数」は、チケットの作成時には不要で、タ

スクの着手時には入力されているべきです。そこで、チケットのステータスを「未着手」
から「着手中」に進めるときに必須項目に変えるよう設定します。

図 4-22-4 「担当者」「予定工数」フィールドを「着手中」ステータスから「必須」に変える

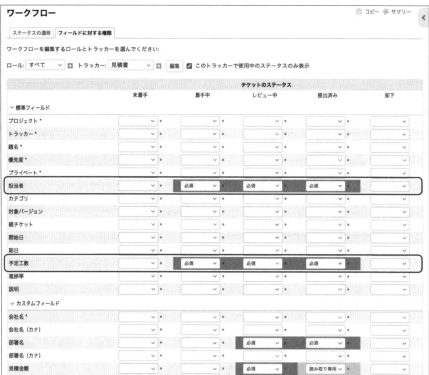

4-23

トラブル防止のために特定の
フィールドを読み取り専用にする

ワークフローを進める上で、特定のフィールドを変えてはいけない場面が生じます。

たとえば、見積書の作成を考えてみてください。見積書を作成し、レビューして顧客に提出した後は、見積金額を変えるべきではありません。顧客への提出後に見積金額を修正したら、クレームにつながってしまうでしょう。

このようなトラブルを防ぐためには、「提出済み」ステータスに進んだ段階で、見積金額フィールドを読み取り専用とし、不用意に変えられないように設定する必要があります。

図 4-23-1　チケット編集画面で読み取り専用になっている見積金額フィールド

ホーム マイページ プロジェクト 管理 ヘルプ			ログイン中：takashi-m　個人設定 ログアウト
		検索　チケットを検索	第2営業部門

第2営業部門

+　概要　活動　**チケット**　作業時間　ガントチャート　ニュース　文書　Wiki　ファイル　設定

見積書 #3735　完了

🔲 〇〇ホールディングス　見積書作成

　　　　　　　　水口 崇 さんが [2022/05/15 16:05] 約1時間 前に追加. [2022/05/15 17:06] 1分未満 前に更新.

> 「ステータス」が「提出済み」のとき「見積金額」フィールドは編集不可

ステータス:	提出済み	開始日:	2022/05/15
優先度:	通常	期日:	
担当者:	水口 崇	進捗率:	0%
		予定工数:	
会社名:	〇〇ホールディングス株式会社	Email:	tanaka@example.com
部署名:	営業部	Tel:	00-0000-0000
住所:	大阪市中央区△△1丁目-1-1	見積金額:	10000000
企業担当者:	田中　一朗		

子チケット　　　　　　　　　　　　　　　　　　　　　　　　　　　　　　　　追加

関連するチケット　　　　　　　　　　　　　　　　　　　　　　　　　　　　　追加

履歴　**プロパティ更新履歴**

🔲 水口 崇 さんが [2022/05/15 16:48] 18分 前に更新　　　　　　　　　　　#1
　　　・見積金額 を [10000000] にセット

🔲 水口 崇 さんが [2022/05/15 17:06] 1分未満 前に更新　　　　　　　　　　#2
　　　・ステータス を [未着手] から [提出済み] に変更

図 4-23-2　チケット編集画面で読み取り専用になっている見積金額フィールド

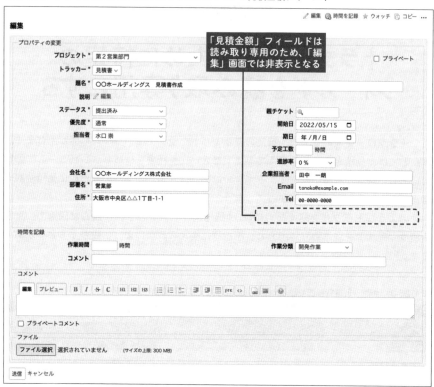

4-23-1　特定のフィールドを読み取り専用にする

「管理」→「ワークフロー」の順でクリックし、ワークフローの管理画面を開きます。
「フィールドに対する権限」タブをクリックし、編集したい「ロール」と「トラッカー」
を選択します。「編集」ボタンをクリックすると、行ラベルとして「フィールド」、列ラ
ベルとして「ステータス」が並ぶマトリックスが表示されます。ここで「読み取り専用」
を選択します。

　上記の見積書を作成するチケットの場合、「カスタムフィールド」の「見積金額」フィー
ルドの「提出済み」ステータスを「読み取り専用」に変更することになります。

図 4-23-3　カスタムフィールド「見積金額」をステータス「提出済み」で「読み取り専用」に設定

詳細は 5-21「ワークフローを設定する」p.322 を参照してください。

4-24

管理者のみ
プロジェクトのスケジュールを
変更できるようにする

「担当者」がプロジェクトのスケジュールを変更できないようにする必要がある場合は、「ワークフロー」画面の設定で制限をかけることができます。

図 4-24-1　「開始日」と「期日」が非表示になっているチケット編集画面

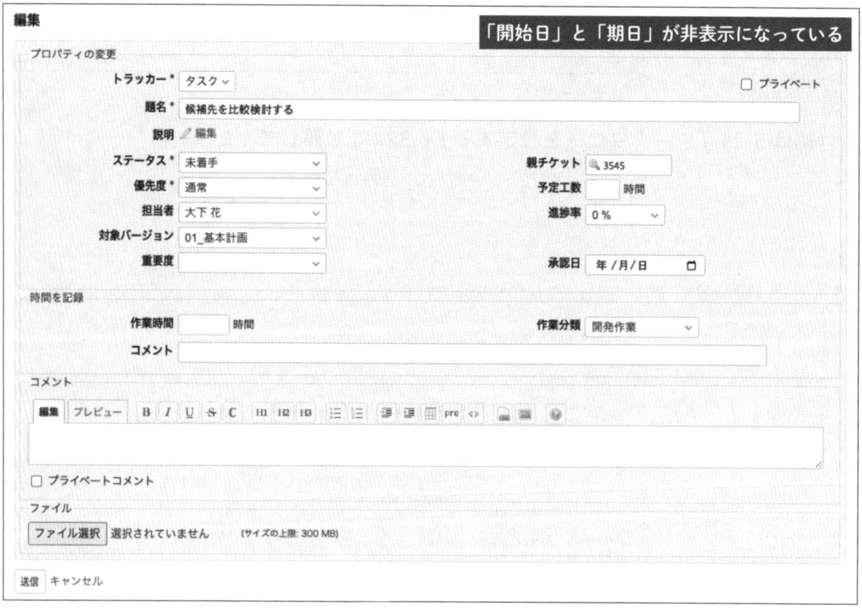

編集

「開始日」と「期日」が非表示になっている

プロパティの変更

トラッカー *	タスク
題名 *	候補先を比較検討する
説明	編集
ステータス *	未着手
優先度 *	通常
担当者	大下 花
対象バージョン	01_基本計画
重要度	

□ プライベート

親チケット	3545
予定工数	時間
進捗率	0 %
承認日	年 /月 /日

時間を記録

作業時間	時間	作業分類	開発作業
コメント			

コメント

編集　プレビュー　B I U S C H1 H2 H3 ☰ ☰ 🔗 🔗 🖽 pre <> 🖼 🖾 ⊕

□ プライベートコメント

ファイル

ファイル選択　選択されていません　（サイズの上限: 300 MB）

送信　キャンセル

Redmine の特性として親チケットの「開始日」と「期日」は、子チケットに依存します。そのため、子チケットの「担当者」が不用意にスケジュールを変更してしまうと、プロジェクト全体の計画が変わってしまう場合があります。

一方、プロジェクトマネージャーが全てのチケットを管理することは大きな負担となります。ある程度、担当者に裁量を委ね、タスク管理してもらう必要があります。この場合、担当者が変更できる項目を制限できるとよいでしょう。

4-24-1 担当者が開始日と期日を変更できないようにする

「管理」→「ワークフロー」画面を開き、「フィールドに対する権限」タブを開きます。制限をかけたい「ロール」と「トラッカー」を選択し、各ステータスにおける「開始日」と「期日」を「読み取り専用」に変更し、「保存」ボタンをクリックします。

> **NOTE   ワークフローとは**
>
> ワークフローは、プロジェクトのメンバーがチケットのステータスをどのように遷移できるか、どの項目を必須入力とするかを管理する機能です。「ワークフロー」について詳しくは、5-21「ワークフローを設定する」p.322 を参照してください。

図 4-24-2 「ワークフロー」画面

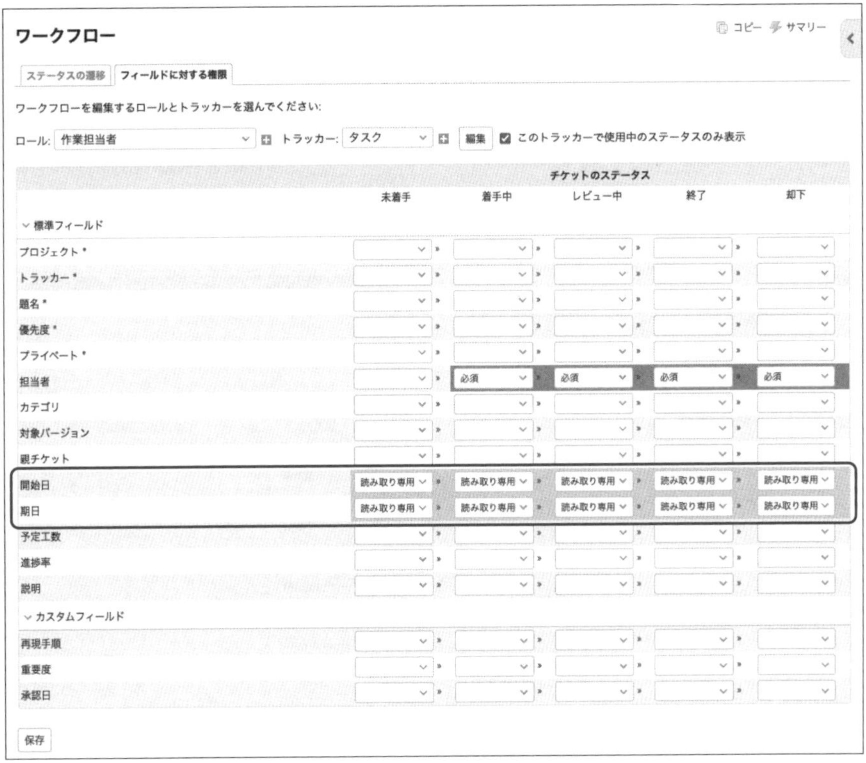

この設定により、ロール「作業担当者」のメンバーがチケットの編集画面を開くと、「開始日」と「期日」が非表示となります。

図 4-24-3　チケット詳細画面

図 4-24-4　開始日・期日が非表示になっているチケット編集画面

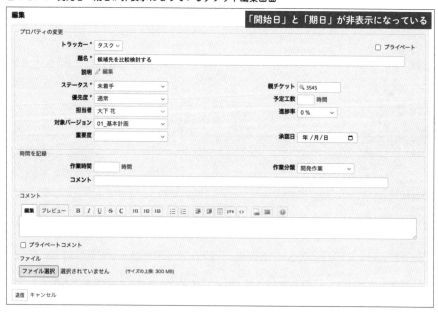

4-25

他のプロジェクトと進捗管理をする

通常はプロジェクト内での進捗管理をしますが、他のプロジェクトと関係性がある場合には、他のプロジェクトと関連付けて進捗管理をする必要があります。

たとえば、図4-25-1のように車を作るプロジェクトがあり、子プロジェクトが部品としてエンジン、ボディ、ブレーキの製造を受け持っているとしましょう。これらはハードウェア部門として同じ事業部の親子プロジェクトですが、ソフトウェア部門として他の事業部のカーナビゲーションシステムのプロジェクトが関係して進捗管理をするイメージです。

図4-25-1　他のプロジェクトと進捗管理をするイメージ

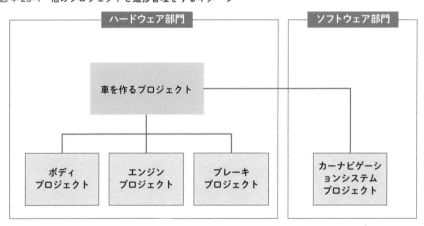

4-25-1　他のプロジェクトと親子チケットで進捗状況を把握する

車を作るプロジェクトとしては、ハードウェア部門の子プロジェクトと、ソフトウェア部門のカーナビゲーションシステムのプロジェクトの進捗も把握する必要があります。

この場合、「車を作る」というプロジェクトに、進捗管理用の親チケットを部品ごとに作ります。さらに、カーナビゲーションシステムの進捗管理用の親チケットも作ります。各部品やカーナビゲーションシステムのプロジェクトのチケットと親子関係として

関連付けると、親から子チケットの進捗を把握できるようになります。

「ガントチャート」画面では、図4-25-2のように表示できます。

図4-25-2　他のプロジェクトのチケットと親子関係を設定した「ガントチャート」画面

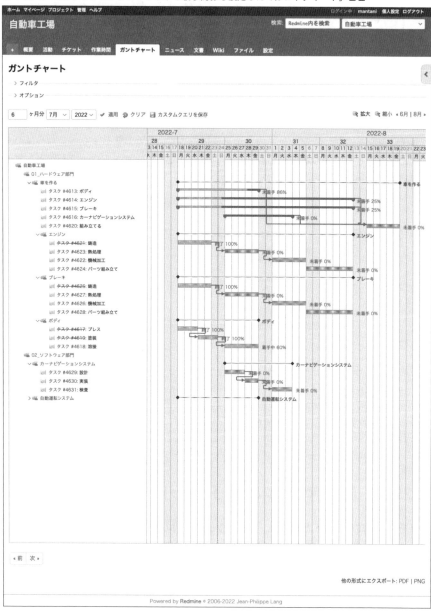

管理の設定で、「異なるプロジェクトのチケット間の親子関係」を許可することで、ソフトウェア部門のカーナビゲーションシステムのプロジェクトのチケットと親子関係にすることができます（5-12「チケットトラッキングの設定を行う」p.289 を参照）。

4-25-2　お互いのスケジュールの影響を反映する

　最近は、ソフトウェア部門に自動運転システムのプロジェクトもあります。これはハードウェアにも影響するシステムです。たとえば、自動運転システムの自動ブレーキと、ハードウェア部門のブレーキは、互いのスケジュールが影響し合います。これらに対してチケット同士の先行・後続の関連を設定することで、自動ブレーキのスケジュールが遅れた場合に、ハードウェアのブレーキの検証のスケジュールにも遅れが反映されます。

図 4-25-3　チケット同士の先行・後続の関連を設定した「ガントチャート」画面

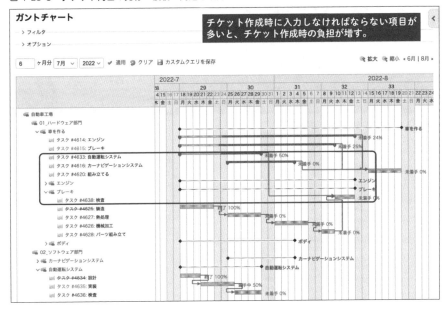

　管理の設定で、「異なるプロジェクトのチケット間で関連の設定」を許可することで、ソフトウェア部門の自動運転システムのプロジェクトのチケットと関連を設定することができます（5-12「チケットトラッキングの設定を行う」p.289 を参照）。

工数管理

4-26

担当者ごとの
予定工数を確認する

CHAPTER 4　プロジェクト管理

4-26-1　担当者ごとの予定工数を確認する

　プロジェクト管理における重要な要素のひとつに、リソース管理があります。プロジェクトマネージャーは、オーバーワークになって、残業をしているチームメンバーがいないか、常に気を配っていなければなりません。

　そんなときに、担当者ごとの予定工数を確認します。

図 4-26-1　チケット一覧の予定工数を表示させている画面

#	～ トラッカー	ステータス	対象バージョン	題名	担当者	予定工数	更新日	
□ 3724	タスク	未着手	01_基本計画	オフィス市況の把握	大下 花	16.00	2022/05/13 20:47	…
□ 3723	タスク	未着手	01_基本計画	候補先情報を収集する (現地調査)	大下 花	16.00	2022/05/13 20:47	…
□ 3722	タスク	未着手	01_基本計画	候補先を比較検討する	大城 忠義	8.00	2022/05/13 20:47	…
□ 3721	タスク	未着手	01_基本計画	移転コストを算出する	山田 まさみ	24.00	2022/05/13 20:47	…
□ 3720	タスク	未着手	01_基本計画	オフィス移転先を選定する	大城 忠義	16.00	2022/05/13 20:47	…
□ 3719	タスク	未着手	01_基本計画	オフィスの移転先を決定する	大城 忠義	4.00	2022/05/13 20:47	…
□ 3718	タスク	未着手	02_オフィス契約	契約条件を確認する	大下 花	4.00	2022/05/13 20:47	…
□ 3717	タスク	未着手	02_オフィス契約	入居申込書を提出する	大下 花	2.00	2022/05/13 20:47	…
□ 3716	タスク	未着手	02_オフィス契約	重要事項に対する説明を聞く	大城 忠義	2.00	2022/05/13 20:47	…
□ 3715	タスク	未着手	02_オフィス契約	預託金を支払う	山田 まさみ	1.00	2022/05/13 20:47	…
□ 3714	タスク	未着手	02_オフィス契約	契約書を作成・押印をする	大城 忠義	1.00	2022/05/13 20:47	…
□ 3713	タスク	未着手	02_オフィス契約	移転先のオフィスを契約する	大城 忠義	4.00	2022/05/13 20:47	…
□ 3712	タスク	未着手	02_オフィス契約	現オフィス管理会社に解約予告書を提出する	山田 まさみ	3.00	2022/05/13 20:47	…

4-26-2　担当者ごとの予定工数を確認する

　まず、チケット一覧画面を開き、予定工数を確認したいチケットに絞り込みます。任意の期間でフィルタリングしましょう。

　次に「オプション」を開き、「利用できる項目」から「予定工数」を選択して表示さ

せます。

　最後に「オプション」の「グループ条件」で「担当者」を選択し、「合計の予定工数」チェックボックスをオンにして、「適用」リンクをクリックします。

図 4-26-2　予定工数が表示されている画面

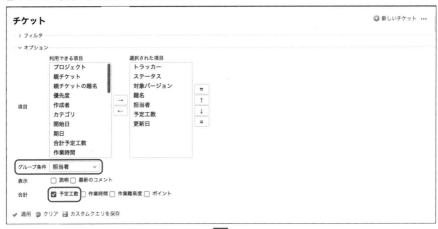

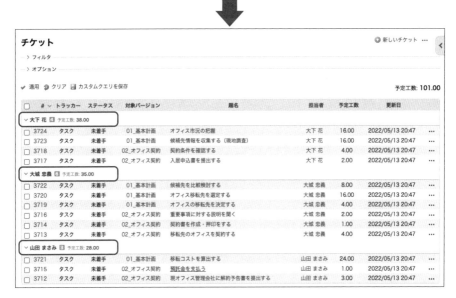

　以上の設定で、各担当者が抱えているチケット、各チケットの予定工数、担当者の抱えているチケットの予定工数の合計が表示されます。

プロジェクトマネージャーは、各担当者の予定工数を確認し、負荷が偏っていたら負荷分散するなどの対策を行いましょう。

4-26-3　1つのチケットに複数の担当者が割り当てられている 場合の注意点

　上記の方法で予定工数を確認する場合、現在の担当者に対して、すべての予定工数が積算された状態で表示されることに注意が必要です。実際には、1つのチケットに複数の担当者がいて、ワークフローに応じて変わっていくことも珍しくありません。予定工数を確認したタイミングで、メインではない担当者に変更されていると、「実際に負荷がかかっているのは別の人」ということも起こり得ます。

　ワークフローで担当者が変わるのは、主にレビュー中、テスト中などのステータスであり、それらを無視できるなら、「フィルタ」で対象となるステータスに絞り込んでも良いでしょう。

4-27

作業工数を集計する

Redmine には、ユーザーや作業分類ごとに、作業時間の実績を集計する機能があります。「作業時間」画面では、「誰が」「どの作業に」「何時間費やしているか」といった工数を確認し、様々な観点で分析することができます。

図 4-27-1 「作業時間」画面の表示例

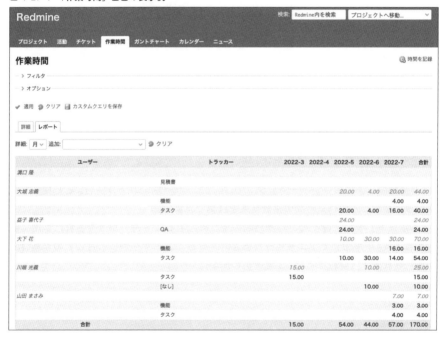

4-27-1 作業時間の一覧

「作業時間」画面の「詳細」タブを開くと、各チケットに記録された「作業時間」を確認できます。

「日付」や「ユーザー」などで表示にフィルタをかけたり、ソートやグループ化表示も可能です。プロジェクトマネージャーは、「フィルタ」や「オプション」を組み合わせることで、どのメンバーがどの作業にどれだけの工数をかけているかを把握することができます。

図 4-27-2 「フィルタ」で「日付」を「昨日」に設定し、「ユーザー」でソート

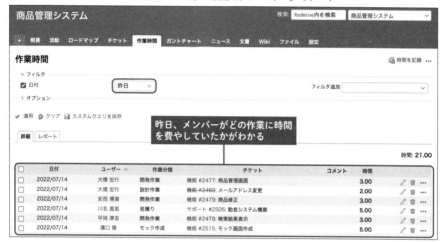

4-27-2 作業時間のレポート

「作業時間」画面の「レポート」タブでは、（ユーザー別、カテゴリ別など）様々な観点から、期間ごとの作業時間の集計結果を確認できます。

「レポート」タブを開くと、作業時間の集計単位として「月」が選択された状態で表示されます。「追加」で「ユーザー」を選択すると、ユーザー別に、月ごとの作業時間が集計されます（詳細は 4-27-3 で説明します）。

図 4-27-3 「作業時間」画面の「レポート」タブ

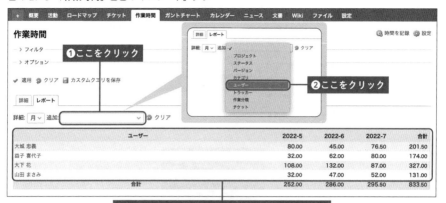

❸月ごとの作業時間がユーザー別に表示される

工数管理

月ごとの合計作業時間が一覧表示されるので、各ユーザーの月ごとの工数を簡単に比較できます。

> **NOTE** チケットごとの作業時間を細かく確認するには
>
> 「レポート」タブで表示されるのは、期間ごとの集計結果です。各チケットの作業時間など、細かく確認する必要がある場合は「詳細」タブを使います。

4-27-3「レポート」タブで細かい分析をする

「レポート」タブの「追加」で「ユーザー」や「トラッカー」などの項目を選択すると、選択した項目別の集計結果が表示されます。

項目は3段階まで追加することができます。各作業で、どのメンバーが、何時間稼働したかなどを細かく分析することができます。選択した項目を解除したいときは「クリア」を選択します。

例えば「追加」で「トラッカー」を選択し、続けて「ユーザー」「作業分類」を選択してみましょう。

図 4-27-4　ユーザーの作業分類ごとの作業時間を集計する

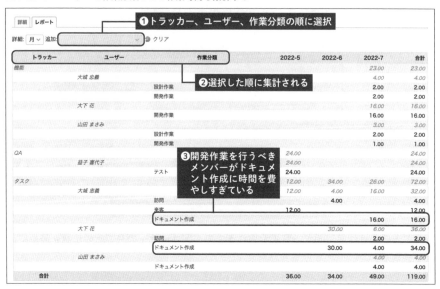

「ユーザー」の「作業分類」ごとの「作業時間」が集計されるので、「開発作業を行う
べきメンバー（大城さん・大下さん）がドキュメント作成に時間を費やしすぎている」
などの分析が行えます。

4-27-4 全プロジェクトの集計

　プロジェクトごとだけでなく、Redmine 上の全プロジェクトを横断して作業時間を
集計することもできます。

　ヘッダーの「プロジェクト」をクリックし、「作業時間」タブを開くと、全プロジェ
クトの作業時間を把握できます。あるユーザーが複数のプロジェクトに関わっている場
合でも、そのユーザーの稼働が適切かどうかを確認できます。

　例えば「レポート」タブを開き、「追加」で「ユーザー」「プロジェクト」と選択する
ことで、各ユーザーが、どのプロジェクトで、何時間作業しているかを一目で確認でき
ます。

図 4-27-5　ユーザーのプロジェクトごとの作業時間を集計する

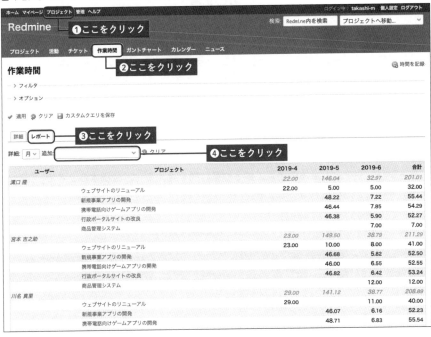

4-28

予定工数と実績工数を比較する

　Redmine のチケット一覧画面を使うと、チケットやバージョンごとに予定工数と実際の作業時間を確認することができます。

　各メンバーやチーム全体の予定工数と作業時間を見える化、分析することで、工数の見積もり精度を高められるでしょう。

図 4-28-1　チケット一覧画面における予定工数と作業時間の表示例

4-28-1　予定工数と作業時間を表示する

各メンバーの予定工数と作業時間を表示

　「予定工数」と「作業時間」はチケット一覧画面で確認することができます。チケット一覧画面で「オプション」を表示させ、「利用できる項目」の中から「予定工数」と「作業時間」を選択します。「→」ボタンをクリックし、「選択された項目」に追加されたこ

とを確認して「適用」をクリックすると、チケット一覧に「予定工数」と「作業時間」が表示されます。さらに「担当者」でフィルタすると、特定のメンバーの「予定工数」と実際の「作業時間」とを比較できます。

図 4-28-2　特定のメンバーの予実を比較する

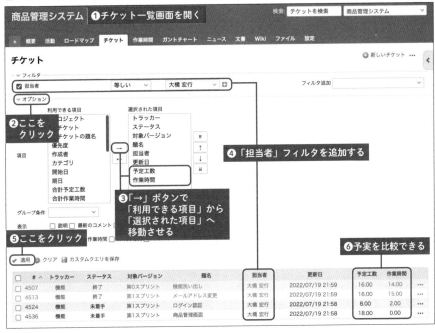

プロジェクトメンバー全体の予定工数と作業時間を表示

　アジャイル開発（6-14「アジャイル開発の概要を知る」p.384 参照）などで、チームのパフォーマンス（ベロシティ）を計りたい場合、スプリントやイテレーションという単位で「対象バージョン」を使っていれば（4-9「アジャイル開発プロジェクトを計画する」p.163 参照）、チケット一覧から各スプリントの全体の「予定工数」「作業時間」を表示し、比較することができます。まず、チケット一覧画面の「オプション」をクリックします。次に「グループ条件」で「対象バージョン」を選択し、「合計」の「予定工数」と「作業時間」をオンにして、「適用」をクリックします。表示された一覧の右端にカーソルを置き、「折りたたみ / 展開」をクリックすると、各スプリントごとに「予定工数」と「作業時間」を比較できます。

図4-28-3 スプリントごとにチームのパフォーマンスを集計

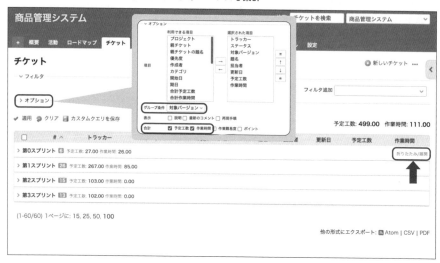

NOTE 直近のスプリントの「予定工数」と「作業時間」の合計を見たい場合

「ロードマップ」画面の「対象バージョン」をクリックすると、画面の右側に「予定工数」と「作業時間」が表示されます。

図4-28-4 直近のスプリントの「予定工数」と「作業時間」の合計を確認する

NOTE 「対象バージョン」を使わずにチームのパフォーマンスを計りたい場合

チケット一覧画面の「フィルタ」で「開始日」と「期日」を設定し、一定期間の合計で確認すると良いでしょう。

図 4-28-5 「対象バージョン」を使わずにチームのパフォーマンスを計る

4-28-2 予実の比較によって見積もり精度を高める

予定工数の見積もりは難しく、予定工数より作業時間の実績のほうが多くなるのが一般的です。

これは様々なタスクにおいて共通です。あるタスクを進めるために、予定になかった打ち合わせやフィードバック対応などの時間が加算されるためです。それらを負荷係数として算出することで、その先のタスクにかかるであろう時間を予想したり、予定工数に反映することで、見積もり精度を高められるでしょう。

4-29

チケットとソースコードの関連付けと
チケットの更新を行う

CHAPTER 4　プロジェクト管理

Redmine を Git のようなバージョン管理システムと連係させると、チケットとソースコードを関連付けられるので、ソースコードの変更がどのチケットに対し行われたかなどを追跡できます。ほかにも、チケットの情報の更新や作業時間の記録ができます。

図 4-29-1　Git クライアントから Redmine を更新している図

 クライアントでのGit操作

```
[MacBook-Air:rails_sample_app shokomantani$ git commit -am 'ナビゲーションバー追加 refs #170'
[add-navigation-bar 368a11f] ナビゲーションバー追加 refs #170
 2 files changed, 34 insertions(+), 1 deletion(-)
[MacBook-Air:rails_sample_app shokomantani$ git push -u origin add-navigation-bar
Enumerating objects: 19, done.
Counting objects: 100% (19/19), done.
Delta compression using up to 8 threads
Compressing objects: 100% (8/8), done.
Writing objects: 100% (10/10), 1.39 KiB | 1.39 MiB/s, done.
Total 10 (delta 5), reused 0 (delta 0), pack-reused 0
To /Users/shokomantani/handbook2021/rails_sample_app.git
   f929f27..368a11f  add-navigation-bar -> add-navigation-bar
Branch 'add-navigation-bar' set up to track remote branch 'add-navigation-bar' from 'origin'.
[MacBook-Air:rails_sample_app shokomantani$ git add .
```

Redmineのチケット

バージョン管理システムとの連係機能を使うためには、Redmine 全体の設定でリポジトリとの連係設定（5-26「バージョン管理システムと連係する設定を行う」p.342 参照）をした後、プロジェクト設定にてリポジトリのパスを設定（4-4「プロジェクトの初期設定をする」p.142 参照）しておく必要があります。

4-29-1　チケットと関連付ける

チケットとソースコードを関連付けるには、ソースコードのコミット時に、「参照用キーワード」と呼ばれる特別なキーワードとチケット ID をコミットメッセージに記述します。参照用キーワードは、プロジェクトの設定画面で確認、変更が可能です（5-8「全般に関する設定を行う」p.277 参照）。

Git コマンド実行例
チケット ID が #1001 のチケットと、ソースコードを関連付けるには、次のように実行します。refs がデフォルトの参照用キーワードです。

```
git commit -am '文言修正 refs #1001'

 refs → 参照用キーワード
#1001 → チケットID
```

4-29-2　チケットのステータスと進捗率を更新する

チケットとソースコードの関連付けと同時に、チケットの情報も更新できます。
コミットメッセージにチケット ID を入力する際、参照用キーワードではなく修正用キーワードを指定すると、関連付けと同時にチケットのステータスと進捗率を更新できます。
修正用キーワードはデフォルトでは何も登録されていません。あらかじめ、管理者が任意のキーワードを設定しておく必要があります（5-8「全般に関する設定を行う」p.277 参照）。

Git コマンド実行例
チケット #1001 のステータスを「完了」に、進捗率を「100」に設定されている修正用キーワード「closes」を使って更新するには、次のように実行します。

```
git commit -am '文言修正 closes #1001'

closes → あらかじめ管理者が設定した修正用キーワード
#1001 → チケットID
```

4-29-3　コミット時に作業時間を記録する

チケットの作業時間をソースコードのコミット時に登録することができます。

この機能はデフォルトでオフになっているため、管理者が使用できるようにしなければなりません（5-8「全般に関する設定を行う」p.277 参照）。

作業時間を記録するにはチケットへ関連付けを行う参照用キーワードの後に「@（アット）」を入れ、作業時間を入力するだけです。

Git コマンド実行例

コマンドでチケット # 1001 に関連付けを行い、1 時間 30 分の作業時間を記録するには次のように実行します。

```
git commit -am '文言修正 refs #1001 @1.5'

 refs → 参照用キーワード
#1001 → チケットID
 @1.5 → 記録したい作業時間
```

入力された作業時間の作業分類は管理者があらかじめ設定しているもので記録されます（5-8「全般に関する設定を行う」p.277 参照）。

Redmine で関連付けた作業時間が記録されるのは、誰かが「リポジトリ」画面を開いたタイミングです。「リポジトリ」画面が開かれるまではコミットメッセージに記録された作業時間はチケットに記録されていません。

4-30

どのチケットで
ソースコードが変更されたかを
確認する

チケットとソースコードが関連付いていると、チケットからリビジョン（ソースコードを変更するコミットの単位）を開き、その差分の表示を見ることで変更されたものの内容がわかります。

4-30-1　チケットからリビジョンを参照する

チケットに書かれた機能追加や修正要請のために、誰がどのようにソースコードを変更したかが容易にわかります。

チケットの詳細画面を開くと、コメント履歴の右に「関係しているリビジョン」というタブがあります。

図 4-30-1　関連付けられたリビジョンがあるチケット

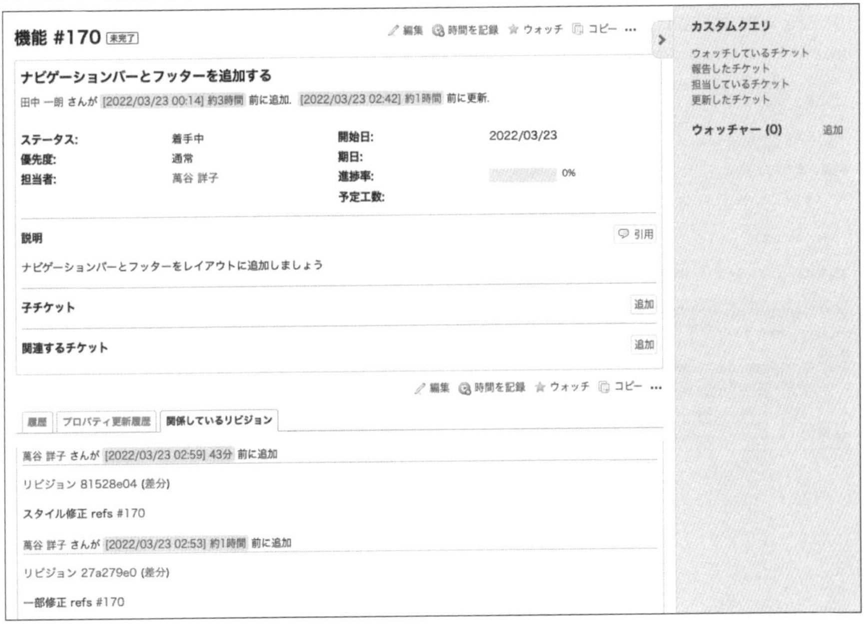

機能 #170 未完了	✎編集 ⏱時間を記録 ☆ウォッチ 🗐コピー …	カスタムクエリ

ナビゲーションバーとフッターを追加する
田中 一朗 さんが [2022/03/23 00:14] 約3時間 前に追加. [2022/03/23 02:42] 約1時間 前に更新.

ステータス:	着手中	開始日:	2022/03/23
優先度:	通常	期日:	
担当者:	萬谷 詳子	進捗率:	0%
		予定工数:	

ウォッチしているチケット
報告したチケット
担当しているチケット
更新したチケット

ウォッチャー (0)　追加

説明　💬引用

ナビゲーションバーとフッターをレイアウトに追加しましょう

子チケット　追加

関連するチケット　追加

✎編集 ⏱時間を記録 ☆ウォッチ 🗐コピー …

履歴　プロパティ更新履歴　**関係しているリビジョン**

萬谷 詳子 さんが [2022/03/23 02:59] 43分 前に追加

リビジョン 81528e04 (差分)

スタイル修正 refs #170

萬谷 詳子 さんが [2022/03/23 02:53] 約1時間 前に追加

リビジョン 27a279e0 (差分)

一部修正 refs #170

関係しているリビジョンをクリックすると「リビジョン」の詳細画面に移ります。

図 4-30-2　リビジョンの詳細画面の画像

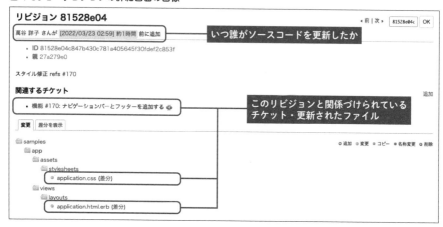

リビジョンの詳細画面の「差分を表示」から差分の詳細を見ることができます。削除された行が赤、追加された行が緑で表示されます。

図 4-30-3　リビジョンの詳細画面の差分表示

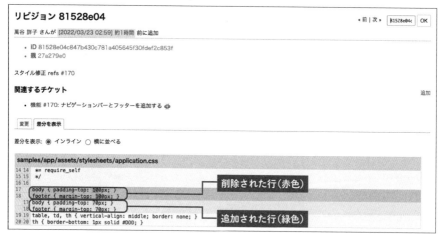

4-31

リポジトリ画面から
リビジョンを参照する

　リポジトリ画面ではリポジトリ内のファイルの一覧、リビジョンの一覧、リビジョン間の差分などを見ることができます。コミットされたリビジョンがどのチケットに関連づいているかも分かります。

4-31-1　リポジトリ画面

　「リポジトリ」タブをクリックすると上半分にリポジトリ内のフォルダ・ファイルの一覧が表示されます。下半分には最近コミットされた10件の「最新リビジョン」が表示されます。「最新リビジョン」に表示されているリビジョン番号をクリックするとそのリビジョンの詳細画面に移ります。

図 4-31-1　リポジトリ画面

4-31-2　リビジョンの詳細画面

　リビジョンの詳細画面では、コミットメッセージ、関連付けられているチケットの一覧、追加や変更、削除されたファイルの一覧が表示されます。関連するチケットの追加や削除はこの画面で行うことが可能です。

図 4-31-2　リビジョンの詳細画面

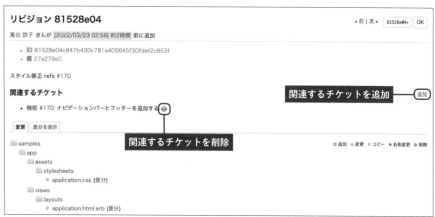

4-31-3　ファイルの詳細画面

　リビジョンの詳細画面のファイル名をクリックするとファイルの詳細画面が開きます。ファイルの詳細画面の上にある表示、履歴、アノテートをクリックするとその表示方法で表示されます。

　下記では表示をクリックし、ファイルの内容を表示しています。

図 4-31-3　ファイルの詳細画面

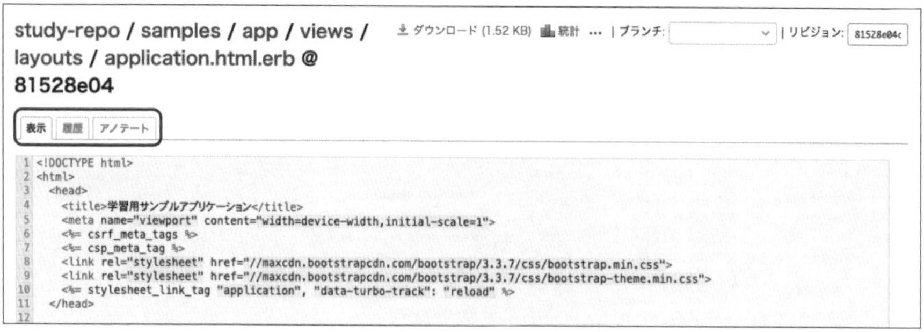

リポジトリ画面（図4-31-1）の右上に表示されている「統計」をクリックすると、リポジトリの更新状況の統計が月別のコミットと作成者別のコミットの2つのグラフで表示されます。

図4-31-4　リポジトリの統計グラフ

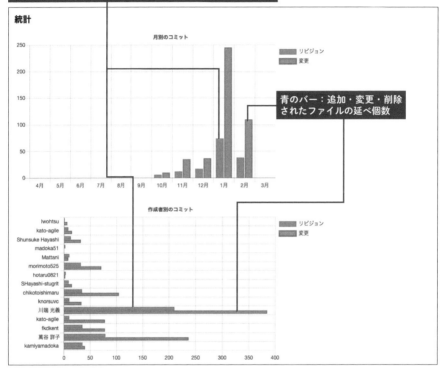

CHAPTER

5

システム管理

5-1

Redmineの導入時に検討すること

Redmine の導入の仕方から運用方法、初期設定などを自社組織に合わせた形にカスタマイズすることをおすすめします。

導入後のデフォルトの設定はソフトウェア開発プロジェクトのサンプルとして用意されているので、業務に応じて変更していきます。

5-1-1　Redmine 本体の導入

Redmine はオープンソースで公式サイトからダウンロードでき、自社サーバーにオンプレミスで構築をすることができます。一方で、近年ではクラウドサービスとして Redmine が導入されることが非常に増えています。オンプレミスで導入する理由は、Redmine を自社の業務によりフィットさせるために自由にカスタマイズができるという点や、サイバー・情報セキュリティ維持の観点でクラウドサービス利用が不可なこともあります。しかし、最近のクラウドサービスはセキュリティの面でも向上していて、バージョンアップなどの運用コストを下げるためにも有効と考えられます。

5-1-2　プラグインの検討

プロジェクト管理をする際、Redmine では機能の不足がある場合や自社の運用管理に適応しない場合、プラグインを導入することによって Redmine を拡張し、運用管理に適応させることが可能です。プラグインは Redmine.org の Plugins Directory で検索、導入をすることができます。プロジェクト管理に合わせて、適宜、検討しましょう（5-4「便利なプラグイン一覧」p.263 参照）。オンプレミスの場合、プラグインを自由にインストールできる一方、クラウドサービスとして導入する場合には、自由にインストールできない場合もあります。

5-1-3　モジュールの検討

Redmine で運用するにあたり、時間管理を行う、またはファイル管理や情報共有な

どの運用を行うことは、組織として、その管理に Redmine を導入するかを検討する必要性があるため、モジュールを有効にするかの検討を行いましょう（5-10「プロジェクトに関する設定を行う」p.283 参照）。

5-1-4　チケットの運用方法

チケットの書き方

チームやプロジェクトの進め方や方針によってチケットの書き方は異なる場合があります。事前に決めておけば、プロジェクトのメンバー間で共有しやすく管理がスムーズになります（2-3「わかりやすいチケットを書く」p.25 参照）。

チケットの粒度

利用者によってチケットの粒度の認識が異なるため、バラツキが発生し進捗管理に影響を及ぼす場合があります。そのためチームとしてチケットの工数の限度を決めておくと良いでしょう。

トラッカーの検討

トラッカーはチケットの種別ですが、種類が違うという理由でトラッカーを作成するのではなく、管理すべき項目が異なる場合にトラッカーを作成する検討をしましょう（5-19「トラッカーを設定する」p.314 参照）。

カスタムフィールドの検討

トラッカーの検討の際、管理すべき項目が標準フィールドで足りない場合にカスタムフィールドの追加を検討します。カスタムフィールドを追加するたびに、担当者のチケット作成に対する負荷が増えるため、必要性を十分に検討の上、追加しましょう（5-22「カスタムフィールドを作成する」p.327 参照）。

ワークフロー関連の検討

ロール、トラッカー、ステータス、ワークフローは関連し合うため、同時に検討する必要があります。ロールとトラッカー及び、ワークフローとして必要なステータスを洗い出した上で、ロールとトラッカーの種類ごとにワークフローを設定していきましょう（5-21「ワークフローを設定する」p.322 参照）。

選択肢の値を検討する

デフォルトの設定を適宜、組織の文化や業務に合わせて変更・追加すると良いでしょう（5-23「選択肢の値を設定する」p.336 参照）。

5-2

クラウドサービスのRedmineを導入する

　日本語で提供可能な代表的な3つのクラウドサービスをご紹介します。3つのクラウドサービスにはそれぞれ以下のような特徴があります。自社の利用目的や開発プロセスなどによって、どれを選ぶべきか検討するのが良いでしょう。

5-2-1　My Redmine

　標準に近いRedmineを利用するにはこれが最適です。厳選されたプラグインのみ入っているクラウドサービスのため、Redmineの最新バージョンをいち早く利用することができ、リーズナブルでシステムとして安定しています。課題管理、タスク管理を主な目的で使うなら「My Redmine」をオススメします。

図 5-2-1　My Redmine

5-2-2　Planio

　Redmine を拡張している高機能なクラウドサービスで、ユーザーインターフェース
も洗練されたデザインになっています。アジャイル開発に最適なタスクボードやプラン
ニングの機能があり、リモートワークチームのためのビデオ会議やチャットが
Redmine 上でできます。

図 5-2-2　Planio 画面

5-2-2　Lychee Redmine

　直感的なインターフェースで多機能な「ガントチャート」、アジャイル開発にも使え
る「バックログ」、工数の見える化と管理、EVM、QCD 分析や報告に使えるレポート
の自動作成など豊富な機能が特徴です。シンプルなタスク管理から大規模なプロジェク
ト管理まで幅広く対応。エンタープライズな大企業でも多くの実績があります。

図 5-2-3　Lychee Redmine 画面

5-3

インストールされている
情報を調べる

インフラ担当者がRedmineを構築した直後やRedmineを運用している最中に、システムエラーが起きて調査が必要な際や、プラグインをインストールする際などには、現在どのような環境で、ミドルウェア・プラグインがどのようなバージョンなのかを確認する必要性があるでしょう。

5-3-1　本体の情報を参照する

Redmine本体のバージョンやミドルウェアの環境などが知りたい場合は、「管理」→「情報」画面を開きます。

図5-3-1　「管理」→「情報」画面

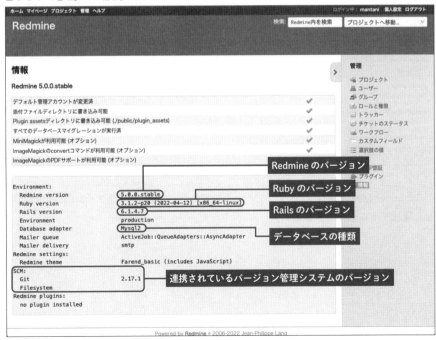

5-3-2　プラグインを参照する

どんなプラグインがインストールされているかや、インストール済みプラグインの
バージョンは、「管理」→「プラグイン」画面で確認することができます。

図 5-3-2　「管理」→「プラグイン」画面

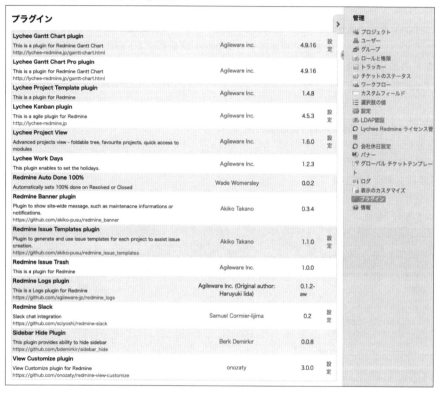

Redmine 全体に適用されるプラグインの設定については、各プラグインの行の「設定」
から確認することができます。

5-4

便利なプラグイン一覧

ここでは、オープンソース、無料・有料を含めた便利なプラグインを幅広くご紹介します。

5-4-1　オープンソースで無料のプラグイン

表 5-4-1　オープンソースで無料のプラグイン

プラグイン名	説明
Absolute Dates Plugin	チケットの作成日や更新日が相対日付ではなく絶対日付で表示されます
Additional Tags Plugin	Redmine のチケットや Wiki にタグを付けることができます
Banner Plugin	Redmine の画面上部にバナーを表示することができます
Clipboard Image Paste Plugin	クリップボードを利用して画像を直接コピー＆ペーストで張り付けられます
Code Review Plugin	Redmine のリポジトリブラウザ上でソースコードに直接コメントができます
Full Text Search Plugin	Redmine の全文検索において目的の情報が見つけやすくなり、高速化が図れます
GTT(Geo-Task-Tracker) Plugin	位置情報をチケットに紐づけて管理できます
Issue Templates Plugin	チケットのテンプレートを作成できます
Japanese Help Plugin	Redmine の画面ヘッダーの「ヘルプ」のリンク先にある英文の Redmine Guide を日本語訳の「Redmine ガイド」に変更できます
Logs Plugin	管理画面からログをダウンロードできます
Sidebar Hide Plugin	Redmine のサイドメニューを表示 / 非表示ができます
Slack Chat Plugin	Redmine でのチケットや Wiki の更新を Slack にリアルタイムで通知できます
View Customize Plugin	JavaScript のコードを埋め込むことで文字の大きさを変えたいなどの多少の画面のカスタマイズができます
Wiki Extensions Plugin	Redmine の Wiki にタグ付けやコメント記入など様々な機能が追加されます

| Wiki Lists Plugin | Redmine の Wiki やチケットにチケット一覧を表示できます |
| Work Time Plugin | チケットの作業時間を表形式で入力でき、月ごとの工数集計や一覧表示も可能です |

5-4-2　有料（無料版あり）のプラグイン

表 5-4-2　有料（無料版あり）のプラグイン

プラグイン名	説明
Agile Plugin	アジャイル開発でよく使われるカンバンの UI でチケット管理ができます
Checklists Plugin	チケットにチェックリストを作成できます
CRM Plugin	Redmine で顧客管理ができます
Easy Gantt Plugin	Redmine 標準のガントチャートを見やすくし、直感的にガントチャートを作成・操作できます
Lychee Redmine	高機能なガントチャートやカンバン、リソースマネジメント、レポート機能などを含めた様々な機能が利用できます

5-5

初めてRedmineの
管理画面にアクセスする

5-5-1 管理画面へアクセスする

　Redmine全体の設定ができる管理画面にアクセスできるのは、システム管理者のみです。インストール直後、システム管理者として「admin」というユーザーが作成されています。このアカウントでRedmineにログインするには、ログインIDとパスワードの両方に「admin」と入力して、ログインします。

図5-5-1 **ログイン画面**

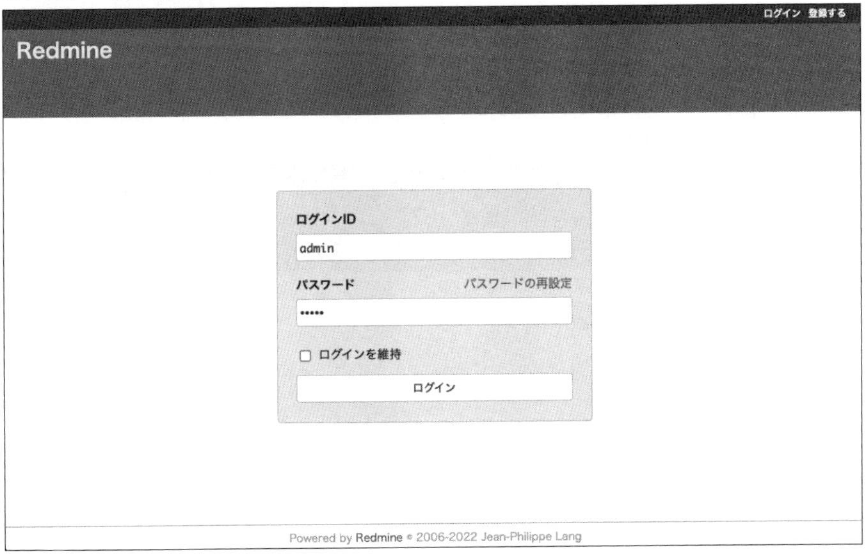

| Redmine | ログイン 登録する |

ログインID

admin

パスワード パスワードの再設定

•••••

☐ **ログインを維持**

ログイン

Powered by **Redmine** © 2006-2022 Jean-Philippe Lang

　初めて「admin」でログインすると、パスワードの変更を求められます。より複雑なパスワードに変更します。

図 5-5-2 「パスワード変更」画面

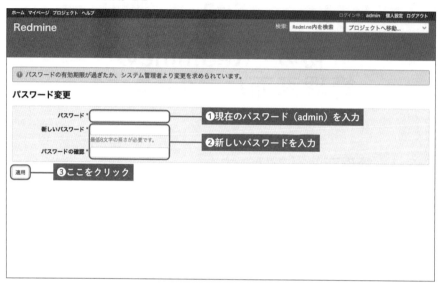

パスワードの変更が済んだら、画面上部のヘッダーに表示されている「管理」をクリックします。

図 5-5-3 ヘッダーの「管理」をクリック

次のような管理画面が表示されます。管理画面では、Redmine の全般的な設定やユーザー作成などを行えます。

図 5-5-4　管理画面

デフォルト設定のロードを求める警告表示

　管理画面にアクセスした時、デフォルト設定のロードを求める警告（図 5-5-5）が表示されることがあります。デフォルトのトラッカーやステータスなどは、Redmine を使用する上で必須のデータです。警告に従って、「デフォルト設定をロード」ボタンをクリックし、初期データを読み込ませます。

図 5-5-5　警告画面

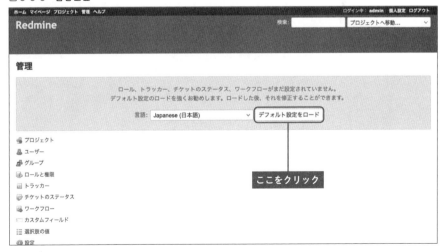

NOTE　**警告が表示されるかどうかはインストール方法による**

　本来は、インストールの過程で次のコマンドを実行し、初期データを読み込ませます。この操作を行っていれば、図 5-5-5 の警告は表示されません。

```
bundle exec rake redmine:load_default_data RAILS_ENV=production REDMINE_LANG=ja
```

5-6

Redmineをセキュアにする
設定を行う

　Redmine 自体もそうですが、オープンなコミュニティでの利用を想定されているの
か、セキュリティに関するデフォルト設定はかなり緩いため、誰もが多くの情報を閲覧
することができてしまいます。Redmine を業務で使用する場合には、セキュアにする
設定は必ず行いましょう。

　Redmine をセキュアにする設定は、「管理」→「設定」画面で行います。

図 5-6-1　「管理」→「設定」画面

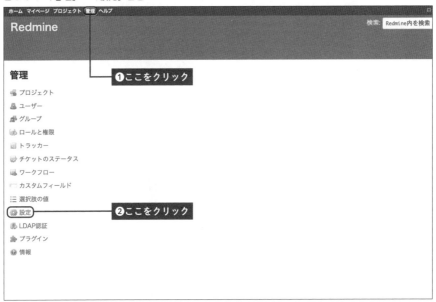

5-6-1　ユーザーの認証をセキュアにする

　「認証」タブを開いて設定します。ここでは、必要最低限セキュアにする設定を解説
します。その他の項目は、組織のセキュリティポリシーに準拠して設定してください。

図 5-6-2 「管理」→「設定」画面の「認証」タブ

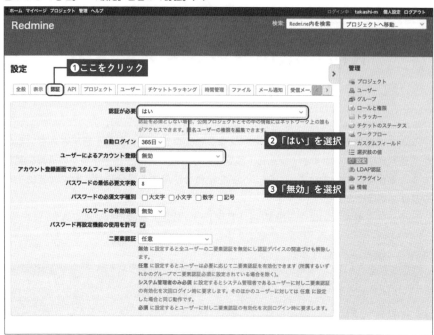

「認証が必要」を「はい」にする

　「認証が必要」は「はい」に設定することを推奨します。「いいえ」の状態では、ホーム画面や公開設定のプロジェクトの情報が、Redmine にログインしていなくても誰でも自由に見られるようになってしまいます。

「ユーザーによるアカウント登録」を「無効」にする

　「ユーザーによるアカウント登録」は「無効」に設定することを推奨します。「無効」にすることで、システム管理者だけがユーザーのアカウント登録をできるようになり、より厳格にアカウント管理を行えます。

> **NOTE　二要素認証が必要な場合は**
>
> 二要素認証が必要なら 3-3「二要素認証でログインする」p.120 も参照してください。

5-6-2　プロジェクトの設定をセキュアにする

新しいプロジェクトを非公開にする

「プロジェクト」タブを開いて設定します。

図 5-6-3　「管理」→「設定」画面の「プロジェクト」タブ

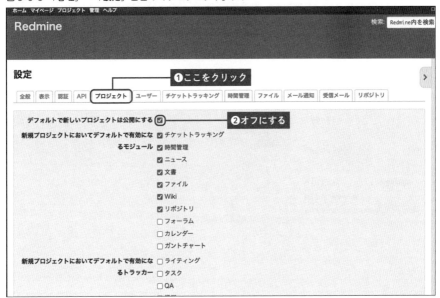

デフォルトでは「デフォルトで新しいプロジェクトは公開にする」チェックボックスがオンになっています。

この状態ですと、プロジェクトメンバーでなくてもプロジェクトの情報を閲覧できてしまいます。さらに、「認証が必要」（5-6-1「ユーザーの認証をセキュアにする」p.269参照）が「いいえ」になっていると、URL さえわかればインターネット上の誰もが情報を閲覧できます。

意図せず情報が公開されてしまうのを防ぐためにも、「デフォルトで新しいプロジェクトは公開にする」チェックボックスをオフにし、プロジェクト情報にアクセスできるメンバーを制限することを推奨します。

5-6-3 ファイルの設定をセキュアにする

「ファイル」タブを開いて設定します。

図 5-6-4 「管理」→「設定」画面の「ファイル」タブ

★ ch5-p17-01.png

許可する拡張子

ホワイトリスト方式で許可する拡張子を入力します。許可する拡張子を,（カンマ）区切りで並べます。入力した拡張子以外のファイルは添付できなくなります。

たとえば、png,jpg,gif と入力すると、画像ファイルの拡張子のみを許可し、スクリーンショット以外は添付できないように制限できます。

禁止する拡張子

ブラックリスト方式で禁止する拡張子を入力します。禁止する拡張子を,（カンマ）区切りで並べます。入力した拡張子以外のファイルを添付できるようになります。

たとえば、exe,vbs,cmd と入力すると、実行ファイルの添付を禁止し、マルウェア感染のリスクを軽減することができます。

NOTE　どんなファイルを添付禁止にするべきか

参考までに、以下は Gmail でブロック（添付禁止）されているファイル形式です。

ade	adp	apk	appx	appxbundle	bat
cab	chm	cmd	com	cpl	dll
dmg	ex	ex_	exe	hta	ins
isp	iso	jar	js	jse	lib
lnk	mde	msc	msi	msix	msixbundle
msp	mst	nsh	pif	ps1	scr
sct	shb	sys	vb	vbe	vbs
vxd	wsc	wsf	wsh		

NOTE　「許可する拡張子」と「禁止する拡張子」を両方指定した場合

「許可する拡張子」と「禁止する拡張子」は通常はどちらか片方のみ入力します。両方に入力すると「許可する拡張子」→「禁止する拡張子」の順でチェックされます。例えば「許可する拡張子」が png,jpg,gif で「禁止する拡張子」が png の場合、JPEG と GIF のみが添付可能で PNG は添付できません。

5-6-4　追加できるメールアドレスを制限する

ユーザーは、最初に登録されたメールアドレス以外に自身で別のメールアドレスを追加し、通知を受け取ることができますが、情報漏えいにも繋がるため、その設定を制限できます。

この制限については、5-11「ユーザーの設定を行う」p.286 を参照してください。

Redmineの初期設定

5-7

日本語向けの設定を行う

Redmine の画面は現在、49 の言語に対応しています。

インストール時に言語指定することで、画面は日本語表示となります。

しかし氏名が英語のように逆順であったり、文字化けが発生したりする場合がありますので、日本語に最適な設定にしておきます。

5-7-1　デフォルトの言語と表示形式の設定

ユーザーごとの表示言語の設定

ログインするユーザーごとに、画面上に表示する言語を変更することができます。

画面右上の「個人設定」をクリックすると、「個人設定」画面が表示されます。

「言語」で「Japanese（日本語）」を選択し、「保存」ボタンをクリックすると、ユーザーごとの表示言語が変更されます。

図 5-7-1　「個人設定」画面の「言語」

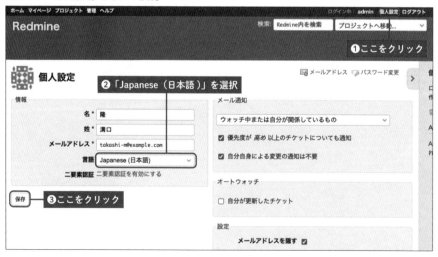

CHAPTER 5　システム管理

Redmine 全体の設定

ユーザーごとの表示言語を日本語に変更しても、情報が更新された時に送られる通知メールの文面の言語に関しては、英語のままです。

通知メールを日本語化するには、Redmine 全体の設定を変更する必要があります。

「管理」→「設定」画面を開いて「表示」タブを選択し、「デフォルトの言語」で「Japanese（日本語）」を選択します。

ユーザー名の表示に関しては、同じ「表示」タブの「ユーザー名の表示形式」を「姓名」の順で表示されるように変更します。

設定が済んだら「保存」ボタンをクリックします。

図 5-7-2 デフォルトの言語とユーザー名の表示形式の設定

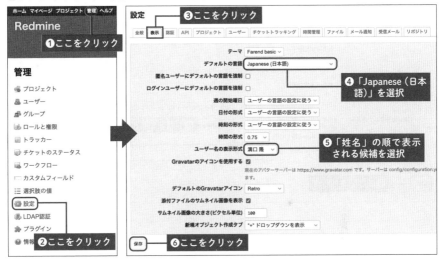

この設定を行うと、新しいユーザーを追加した場合、デフォルトで「言語」が「Japanese（日本語）」に設定された状態になります。

5-7-2 文字化け防止のための設定

Shift_JIS（CP932）でエンコードされた添付ファイルやソースコードの内容を Redmine で表示すると、デフォルト設定のままでは、文字化けしてしまいます。

文字化けを避けるには、次のように、想定されるエンコーディング形式をあらかじめ Redmine に登録しておく必要があります。

「管理」→「設定」画面を開き、「ファイル」タブを選択します。「添付ファイルとリ
ポジトリのエンコーディング」に次の値を設定します。

```
UTF8, CP932, EUC-JP
```

図 5-7-3　文字化け防止のための設定

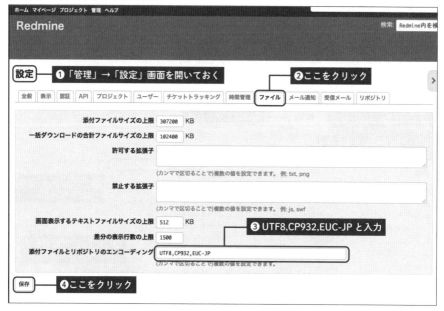

5-8

全般に関する設定を行う

「管理」→「設定」画面の「全般」タブでは、Redmine 全般に関する設定を行えます。

図 5-8-1 「管理」→「設定」画面の「全般」タブ

ホーム マイページ プロジェクト 管理 ヘルプ

Redmine   検索: Redmine内を検

設定

| 全般 | 表示 | 認証 | API | プロジェクト | ユーザー | チケットトラッキング | 時間管理 | ファイル | メール通知 | 受信メール | リポジトリ |

アプリケーションのタイトル   `Redmine`

ウェルカムメッセージ   編集 プレビュー B I S C H1 H2 H3 ☰ ☰ pre <>

ページごとの表示件数   `50,100,200`
(カンマで区切ることで)複数の値を設定できます。

ページごとの検索結果表示件数   `12`

プロジェクトの活動ページに表示する日数   `30` 日

ホスト名とパス   `redmine.agileware.jp`
例: redmine.agileware.jp

プロトコル   HTTPS ∨

テキスト書式   CommonMark Markdown (GitHub Flavored) - experimental ∨
☑ Hardbreaks
動作はconfig/configuration.ymlで設定できます。設定後、Redmineを再起動してください。

テキスト書式の変換結果をキャッシュ   ☐

Wiki履歴を圧縮する   なし ∨

Atomフィードの最大出力件数   `15`

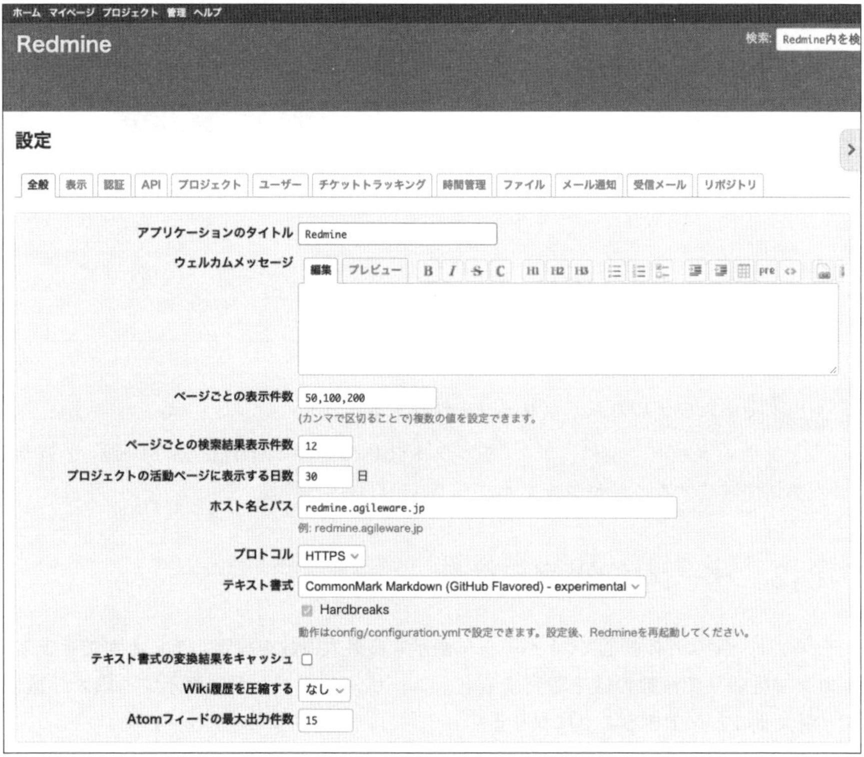

5-8-1　アプリケーションのタイトル

常に画面左上に表示される文字列が「アプリケーションのタイトル」です。デフォルトは「Redmine」となっています。必要に応じて、わかりやすい名前に変更してください。

Redmine の初期設定

5-8-2　ウェルカムメッセージ

「ホーム」画面に表示されるユーザー向けのメッセージです。文章だけでなく画像などを表示させることもできます。必要に応じて設定してください。

図 5-8-2　アプリケーションのタイトルとウェルカムメッセージ

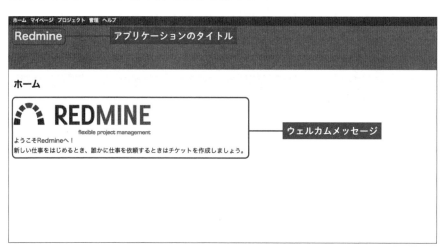

NOTE　**凝ったウェルカムメッセージを作成する**

　ウェルカムメッセージは、2-4「テキスト装飾の書式（Markdown）」p.27 で説明した方法で装飾することができます。

5-8-3　ページごとの表示件数

　チケット一覧などの画面で、1 ページに表示する最大件数を設定することができます。
　カンマ区切りで複数の値を設定すると、ユーザーが 1 ページに表示する最大件数を切り替えることができるようになります。

5-8-4　ページごとの検索結果表示件数

　Redmine の画面右上にある検索ボックスでは、Redmine 内を全文検索することができます。
　ここでは、1 ページに表示する最大検索結果数を設定することができます。

5-8-5　ホスト名とパス

　Redmine が稼働しているサーバーのホスト名を指定します。

　メール通知の本文には Redmine 上へのリンクが含まれていますが、その URL にも使用されるため、必ず設定しましょう。

　ほとんどの場合、テキストフィールドの下に適切な入力例が表示されていますので、そのまま転記すればよいでしょう。

5-8-6　プロトコル

　表示されている画面の URL のプロトコルです。「HTTP」または「HTTPS」を選択します。

5-8-7　テキスト書式

　チケットの説明や注記、Wiki などのテキスト装飾の記法を選ぶことができます。

　デフォルトは「Textile」に設定されています。

　現在はよりシンプルでわかりやすい「Markdown」が普及しています。他のアプリケーションに「Markdown」形式で転記することもあるため、はじめから「Markdown」で運用することをおすすめします。

　Redmine 5.0 以降では、「CommonMark Markdown」が試験的にサポートされましたので、「CommonMark Markdown」に設定してもよいでしょう。

NOTE　テキスト書式はプロジェクト開始時に設定する

　Textile で書かれたチケットや Wiki がある場合、「テキスト書式」を「Markdown」に切り替えると表示が崩れてしまいます。「テキスト書式」はプロジェクト開始時に決め、開始以降は変更しないことをおすすめします。

5-9

表示に関する設定を行う

「管理」→「設定」画面の「表示」タブでは表示に関する設定を行えます。

図 5-9-1 「管理」→「設定」画面の「表示」タブ

```
ホーム マイページ プロジェクト 管理 ヘルプ                              検索: Redmine内を

Redmine

設定

全般  表示  認証  API  プロジェクト  ユーザー  チケットトラッキング  時間管理  ファイル  メール通知  受信メール  リポジトリ

                          テーマ  Farend basic ⌄
                    デフォルトの言語  Japanese (日本語)                    ⌄
        匿名ユーザーにデフォルトの言語を強制  ☐
     ログインユーザーにデフォルトの言語を強制  ☐
                    週の開始曜日  ユーザーの言語の設定に従う ⌄
                    日付の形式  ユーザーの言語の設定に従う ⌄
                    時刻の形式  ユーザーの言語の設定に従う ⌄
                    時間の形式  0.75 ⌄
              ユーザー名の表示形式  溝口 隆 ⌄
        Gravatarのアイコンを使用する  ☑
                          現在のアバターサーバーは https://www.gravatar.com です。サーバーは config/configuration.yml で変更でき
                          ます。
          デフォルトのGravatarアイコン  Retro ⌄
        添付ファイルのサムネイル画像を表示  ☑
    サムネイル画像の大きさ(ピクセル単位)  100
          新規オブジェクト作成タブ  "+" ドロップダウンを表示  ⌄

保存
```

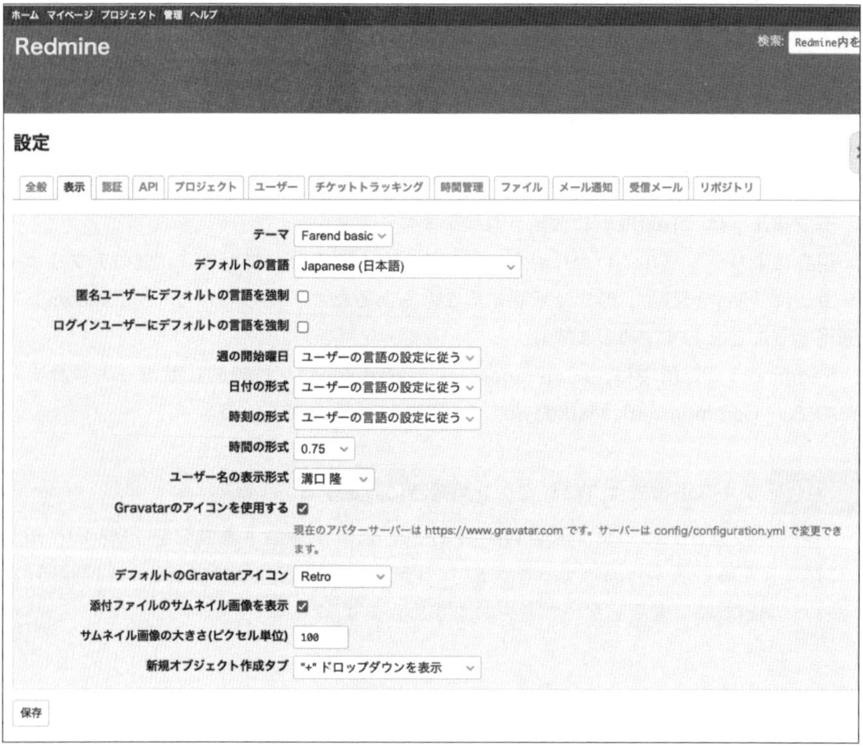

5-9-1　テーマ

「テーマ」により Redmine の画面デザイン（配色・フォントなど）を変更することができます。インターネットで公開されているテーマをインストールして利用することもできます。

「週の開始曜日」「日付の形式」「時刻の形式」については、「ユーザーの言語の設定に従う」ように設定することもできますが、「テーマ」では、Redmine 全体としてデフォルトの形式を指定することができます。

5-9-2　Gravatar のアイコン

Gravatar は様々なサイトで利用できるアバターアイコンです。これを使用するとチケット詳細画面や活動画面などに、ユーザー名とともにアイコンが表示され、メンバーが多いプロジェクトでも識別しやすくなります。

図 5-9-2　チケット詳細画面に表示されている Gravatar のアイコン

Gravatar のアイコンを利用するには、「管理」→「設定」画面の「表示」タブにある
「Gravatar のアイコン」をオンにします。

図 5-9-3 「Gravatar アイコンを使用する」をオンにする

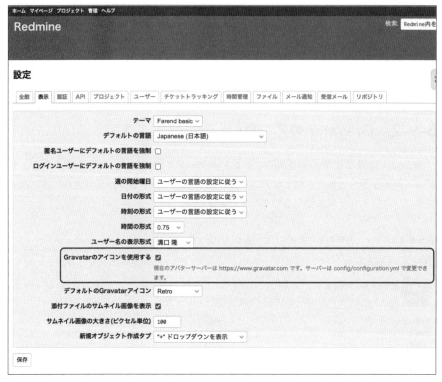

5-9-3　サムネイル表示

「管理」→「設定」画面の「表示」タブにある「添付ファイルのサムネイル画像を表示」
をオンにすると、サムネイル画面の大きさをピクセル単位で指定できるようになります。

5-10

プロジェクトに関する設定を行う

「管理」→「設定」画面の「プロジェクト」タブでは、プロジェクトに関する設定を行えます。

図 5-10-1　プロジェクトの設定画面

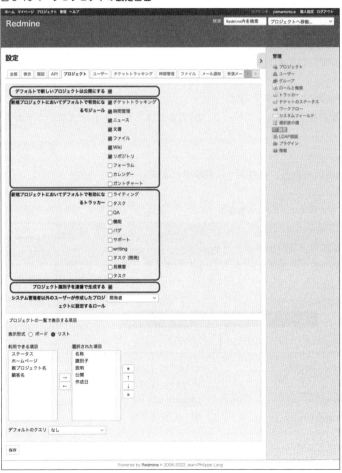

デフォルトで新しいプロジェクトは公開にする

公開になっていると、プロジェクトのメンバーでなくてもプロジェクト情報を閲覧できてしまいます。機密情報を扱う可能性があれば、基本的にオフにしておきます。

新規プロジェクトにおいてデフォルトで有効になるモジュール

組織のプロジェクト管理者が、新規プロジェクトで利用するモジュールをオンに（有効化）します。

新規プロジェクトにおいてデフォルトで有効になるトラッカー

組織のプロジェクト管理者が、新規プロジェクトで利用するトラッカーをオンに（有効化）します。

プロジェクト識別子を連番で生成する

オンにすると、新規プロジェクトを作成するときに、直前に作成したプロジェクト識別子をインクリメントした値で自動的に生成します。識別子の末尾が文字列の場合は、アルファベット順にインクリメントされます。

プロジェクトの一覧で表示する項目

プロジェクト一覧の表示形式を、「ボード」形式または「リスト」形式のいずれかから選択します。

「ボード」形式を選択すると、次のように表示されます。

図 5-10-2 「ボード」形式のプロジェクト一覧画面

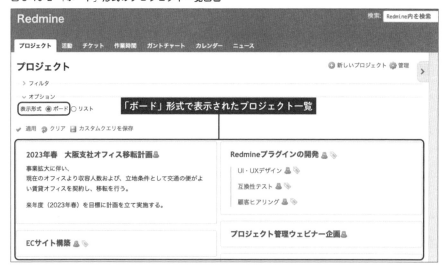

「リスト」形式の場合、リストに表示させる項目を選択することができます。

　プロジェクト数が多くなってきたときなどに、デフォルトのカスタムクエリを設定しておくと、プロジェクト一覧において適用された状態で表示されます。

図 5-10-3　「リスト」形式のプロジェクト一覧画面

　設定が済んだら、画面下部の「保存」ボタンをクリックして、設定を保存してください。

5-11

ユーザーの設定を行う

「管理」→「設定」画面の「ユーザー」タブでは、Redmine の利用者に関する設定を行えます。

図 5-11-1 「管理」→「設定」画面の「ユーザー」タブ

```
Redmine                                                          検索: Redmine内を村

設定                                                                            ›

全般  表示  認証  API  プロジェクト  ユーザー  チケットトラッキング  時間管理  ファイル  メール通知  受信メール  リポジトリ

         追加メールアドレス数の上限  1

    許可するメールアドレスのドメイン  [                              ]
                                (カンマで区切ることで)複数の値を設定できます。 例: example.com, example.org

    禁止するメールアドレスのドメイン  [                              ]
                                (カンマで区切ることで)複数の値を設定できます。 例: .example.com, foo.example.org, example.net

  ユーザーによるアカウント削除を許可  ☑

新しいユーザーのデフォルト設定

            メールアドレスを隠す  ☑
    デフォルトのメール通知オプション  [ウォッチ中または自分が関係しているもの ∨]
    自分自身による変更の通知は不要  ☑
              タイムゾーン  [(GMT+09:00) Tokyo              ∨]

[保存]
```

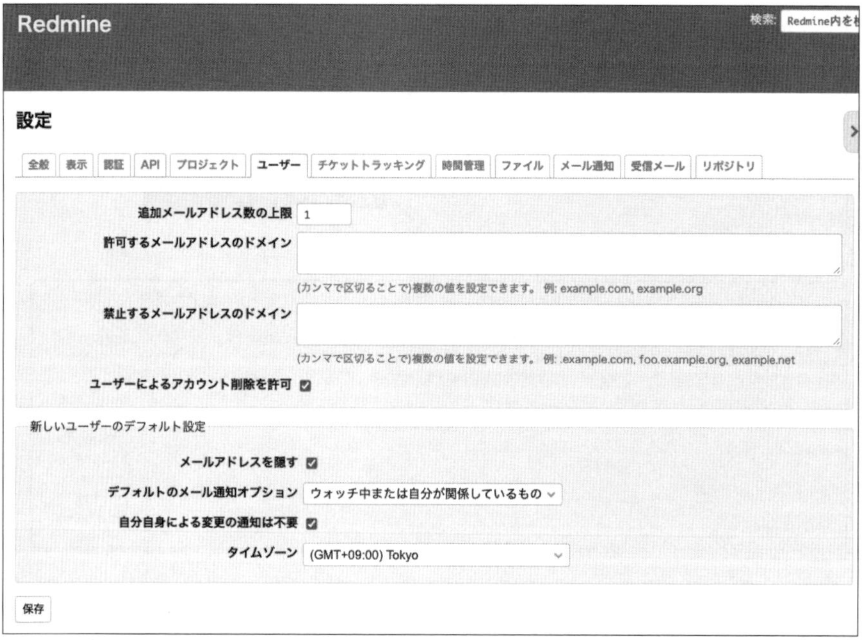

5-11-1　メールアドレスの制限

「個人設定」画面では、最初に追加したメールアドレス以外に、別のメールアドレスを追加し、そのメールアドレスで通知を受け取るように設定することができます。

しかし、無制限にメールアドレスが追加されると、情報漏えいに繋がるリスクが高まり、注意が必要です。

そこで、表 5-11-1 で説明する設定項目を使い、メールアドレスの追加に制約を課します。

表 5-11-1　メールアドレスの登録を制限する設定項目とその意味

設定項目	意味
追加メールアドレス数の上限	デフォルトでは 5 つまでメールアドレスを追加できるように設定されています。0 に設定すると「個人設定」画面でメールアドレスを追加できなくなります。
許可するメールアドレスのドメイン	ここにドメインを設定すると、設定したドメイン以外のメールアドレスを追加できなくなります。
禁止するメールアドレスのドメイン	ここに設定したドメインは追加できなくなり、それ以外のドメインのメールアドレスを追加できるようになります。

「許可するメールアドレスのドメイン」と「禁止するメールアドレスのドメイン」は、組織のセキュリティポリシーに照らし合わせ、どちらか一方を設定する必要があるかもしれません。

5-11-2　ユーザーによるアカウント削除を許可

「管理」→「設定」画面の「ユーザー」タブを開くと、デフォルトで「ユーザーによるアカウント削除を許可」がオンになっています。

「ユーザーのアカウント削除を許可」がオンになっていると、たとえば、担当者が退職したときなどに担当者自身がアカウントを削除できるようになります。アカウントが削除されてしまうと、誰がチケットを作成したのか、誰がコメントしたのかなどの情報がわからなくなってしまいます。

このような事態を避けるには、「ユーザーのアカウント削除を許可」をオフにし、アカウントを削除する代わりに、アカウントの「ロック」を利用してください。また、ロックしたアカウントの「個人設定」画面で「メール通知」を「通知しない」に変更しておきましょう（3-2「通知されるメールの対象を選ぶ」p.116 参照）。

> **NOTE　ユーザーをロックするとどうなるか**
>
> ユーザーをロックすると、そのユーザーは Redmine にアクセスできなくなります。また、プロジェクトのメンバーの一覧や担当者を選択するプルダウンメニューにも表示されなくなります。
>
> ロックされたユーザーの名前は注記などの履歴にはグレーで表示されます。
>
> 利用されなくなったアカウントは「ロック」しましょう。

ユーザーをロック・ロック解除するには

ユーザーをロックするには「管理」→「ユーザー」画面で「ロック」をクリックします。

ロックを解除するには「管理」→「ユーザー」画面でステータスは「ロック」を選び、「アンロック」をクリックします。

5-11-3 新しいユーザーのデフォルト設定

新しいユーザーアカウントのデフォルト設定を規定しておくことができます。

組織として設定しておくべきポリシーを反映しておくと良いでしょう。

なお、ユーザーを追加した後は、そのユーザー自身の「個人設定」画面で、これらの情報を変更可能です。

5-12

チケットトラッキングの設定を行う

「管理」→「設定」画面の「チケットトラッキング」タブでは、チケット管理機能に関する設定を行えます。

図 5-12-1 「管理」→「設定」画面の「チケットトラッキング」タブ

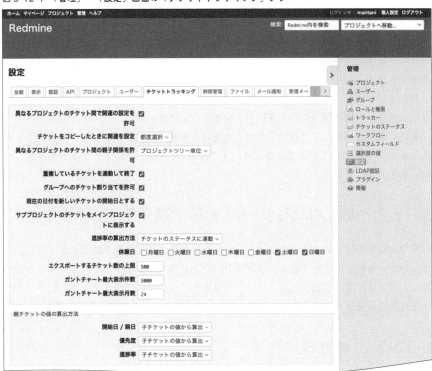

5-12-1 　他のプロジェクトのチケットと関連を作る

親子プロジェクトのように管理した場合などは、子プロジェクト同士でも関係性があり、A プロジェクトの日程が遅れると B プロジェクトの開始に影響するといったことも出てきます。

異なるプロジェクト間でこのようなことが起こる可能性があれば、「異なるプロジェクトのチケット間で関連の設定を許可」をオンにします。

また、関連付けとして「次のチケットと重複」を使う場合、重複しているチケットのステータスを連動して終了できるようにするには、「重複しているチケットを連動して終了」をオンにします。

5-12-2 　他のプロジェクトのチケットと親子関係を作る

デフォルトでは「異なるプロジェクトのチケット間の親子関係を許可」が「プロジェクトツリー単位」となっており、親プロジェクトと子プロジェクトで親子チケットを作ることができます。プロジェクトツリーには含まれない他のプロジェクトと親子チケットを作る可能性がある場合には、「すべてのプロジェクト」を選択してください。

5-12-3 　「休業日」

組織全体の「休業日」を曜日で設定します。「休業日」に設定した曜日はガントチャートでは灰色で表示されます。

「休業日」の設定は、チケットの先行・後続の関係に影響し、後続チケットの日程が「休業日」に重なった場合、「休業日」を考慮して日程が引き延ばされます。「開始日」が「休業日」に重なった場合は、「開始日」が自動的に翌営業日に変更されます。

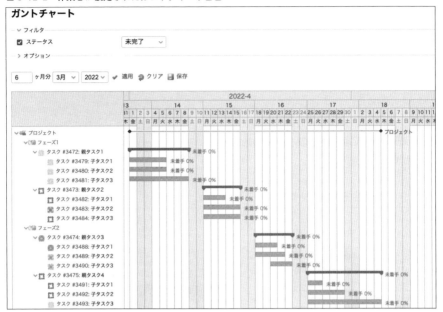

図 5-12-2　休業日が設定されたガントチャート画面

5-12-4　親チケットの値の算出方法

親チケットの「開始日 / 期日」「優先度」「進捗率」の算出方法として、「子チケットの値から算出」「子チケットから独立」のうち、いずれか１つを選択できます。

デフォルトでは「子チケットの値から自動的に算出」に設定されています。チケットを親子関係にすると、親チケットの「開始日 / 期日」「優先度」「進捗率」は手動で管理できなくなります。

たとえば、子チケットに遅れが生じ、期日が変更されると親チケットの期日も自動的に反映されますが、組織によっては当初の計画がわからなくなるため、プロジェクト全体の進捗に影響する日程変更を誰でも行える状況が問題になるケースがあります。

「親チケットの値の算出方法」を「子チケットから独立」に変更すると、その項目は子チケットに連動されず親チケットで管理できるようになります。

5-12-5　チケット一覧で表示する項目

チケット一覧画面で、デフォルトで表示される項目や、デフォルトで適用されるカスタムクエリ（2-15「特定のフィルタをワンクリックで呼び出せるようにする［カスタムクエリ］」p.60 参照）を設定することができます。

5-13

メール通知の設定を行う

「管理」→「設定」画面の「メール通知」タブでは、メール通知の動作に関する設定を行えます。

図 5-13-1 「管理」→「設定」画面の「メール通知」タブ

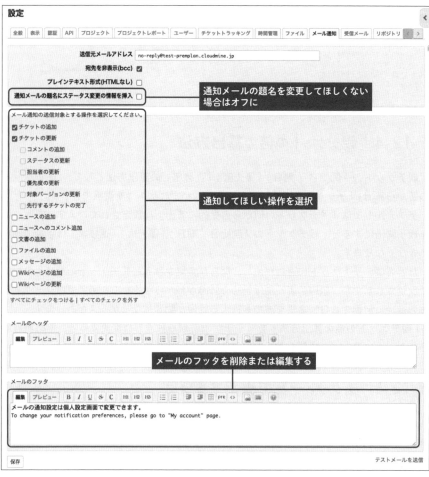

5-13-1　通知メールの題名にステータス変更の情報を挿入

　「通知メールの題名にステータス変更の情報を挿入」がオンの場合、チケットのステータスが変更されたときにのみ、通知メールの件名にチケット名と（進行中）などのステータスが追加されます。この設定はデフォルトでオンになっています。

　たとえば、Gmail では同じ件名のメールをグループ化してスレッド表示してくれますが、件名が変更されるとスレッド表示されないという問題が起こります。このような場合は、この設定をオフにしてください。

5-13-2　メール通知の送信対象とする操作の選択

　「メール通知の送信対象とする操作を選択してください。」では、チケットが追加されたとき、ニュースが追加されたとき、Wiki ページが更新されたときなど、メール通知してほしい操作を選択できます。

　「チケットの更新」については、あらゆるチケットの更新操作でメール通知されると、通知の件数が増えすぎてしまうため、どのような更新だけを通知対象とするか、メール通知してほしい更新を細かく設定できます。

5-13-3　「メールのフッタ」の設定

　通知メールの最下部に挿入される情報を編集できます。

　デフォルトでは英語の文章が設定されていますから、削除するか、適切な文章に変更してください。

5-14

制限を適切にして
運用しやすくする

組織のセキュリティポリシーやRedmineを稼働させるサーバーのハードウェア仕様を考慮し、Redmineを安定運用できるように、制限を適切に設定し、利用しやすくする必要があります。

5-14-1　添付ファイルサイズの上限

「管理」→「設定」画面の「ファイル」タブでは「添付ファイルサイズの上限」をKB単位で設定できます。

デフォルトでは5MB（5120KB）に設定されています。実務でデフォルトの上限サイズを超えるファイルを扱うことが多い場合は、使い勝手が良くなる程度に上限を上げておきましょう。

図5-14-1　「管理」→「設定」→「ファイル」タブ

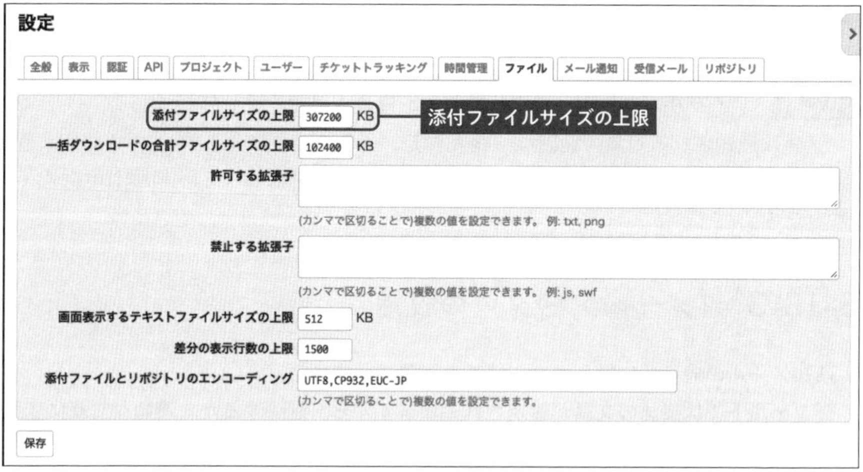

設定											>
全般	表示	認証	API	プロジェクト	ユーザー	チケットトラッキング	時間管理	**ファイル**	メール通知	受信メール	リポジトリ

添付ファイルサイズの上限	307200 KB ← 添付ファイルサイズの上限
一括ダウンロードの合計ファイルサイズの上限	102400 KB
許可する拡張子	
	(カンマで区切ることで)複数の値を設定できます。例: txt, png
禁止する拡張子	
	(カンマで区切ることで)複数の値を設定できます。例: js, swf
画面表示するテキストファイルサイズの上限	512 KB
差分の表示行数の上限	1500
添付ファイルとリポジトリのエンコーディング	UTF8,CP932,EUC-JP
	(カンマで区切ることで)複数の値を設定できます。

保存

CHAPTER 5　システム管理

5-14-2　エクスポートするチケット数の上限

　「管理」→「設定」画面の「チケットトラッキング」タブにある「エクスポートする
チケット数の上限」では、チケットを CSV や PDF ファイルとしてエクスポート（書き
出し）するとき、書き出せるチケット数の上限を設定できます。

　「エクスポートするチケット数の上限」は、デフォルトで「500」に設定されています。
エクスポートしたいチケットの総数が 500 を超えている場合、上限までしかエクスポー
トすることができません。チケット総数が 500 を超える場合には、上限を変更してお
きましょう。筆者が所属する組織では「5000」に設定しています。

図 5-14-2　「管理」→「設定」画面の「チケットトラッキング」タブ

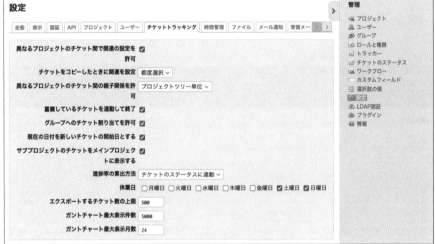

5-14-3　ガントチャート最大表示件数

　「管理」→「設定」画面の「チケットトラッキング」タブにある「ガントチャート最
大表示件数」では、「ガントチャート」画面で一覧表示されるチケットやバージョンな
どの最大表示件数を設定できます。

　「ガントチャート最大表示件数」は、デフォルトで「500」に設定されています。最
大表示件数を超えてしまう場合は、最大表示件数までしか表示されません。デフォルト
の最大表示件数を超えてしまう場合には、変更しておきましょう。筆者が所属する組織
では「5000」に設定しています。

5-15

ユーザーを作成・管理する

Redmine ユーザーのアカウント作成や、既存ユーザーの編集、ロック、削除を行います。

5-15-1　ユーザー一覧画面

「管理」→「ユーザー」とクリックすると、ユーザー一覧画面が表示されます。

図 5-15-1　ユーザー一覧画面

表示されるユーザー一覧は、（アカウントの）ステータスや所属するグループ、二要素認証の有無、ユーザーなどでフィルタをかけることができます。

5-15-2　新しいユーザーの作成

　新しいユーザーを作成するには、ユーザー一覧画面右上の「新しいユーザー」をクリックします。

図 5-15-2　**新しいユーザー作成画面**

　必要なユーザーの情報を入力し、「作成」ボタンをクリックすると、ユーザーが作成されます。

NOTE　複数のユーザーを一括作成するには

　複数のユーザーを一括作成したい場合は、5-16「ユーザーを一括登録する」p.301
を参照してください。

表 5-15-1　新しいユーザー作成画面の主な入力項目

項目	説明
ログイン ID	Redmine にログインするための ID です。Redmine 全体で重複しない一意的なものである必要があります。半角英数文字と一部の記号（_、-、@、.）を利用できます。会社のメールアカウントなどがよく使われます。
名と姓	氏名を入力する際、名の方が先、姓が後になるので注意してください（「管理」→「設定」画面の「表示」タブにある「ユーザー名の表示書式」で、姓→名の表示となるよう設定できます）。
メールアドレス	複数のユーザーが同じメールアドレスで共有することはできず、Redmine 全体で重複しない一意的なものである必要があります。
言語	「(auto)」を選択すると、ブラウザの設定に応じた言語で画面表示されます。
システム管理者	システム管理者にチェックを入れると、システム管理者権限を持つユーザーとなります。
パスワード	パスワードはシステム管理者が決めて、ユーザーに伝えます。「次回ログイン時にパスワード変更を強制」をオンにして運用するのが良いでしょう。
メール通知	メール通知については、個人設定で各ユーザーに委ねるか、組織の通知のポリシーを反映し設定します（詳細は 3-2「通知されるメールの対象を選ぶ」p.116 を参照）。
設定	設定については、個人設定で各ユーザーに委ねるか、組織のポリシーを反映するかして設定します。

> **NOTE　システム管理者とは**
>
> 　システム管理者とは、全ての操作権限を持った特権ユーザーです。Redmine 全体のあらゆる設定を行えるだけでなく、メンバーになっていない全てのプロジェクトやチケットの情報も閲覧可能で、プライベートチケットも参照できるため、システム管理者はユーザーを限定するのが望ましいでしょう。

5-15-3　ユーザーの編集

　ユーザー一覧画面で編集したいユーザーのログイン ID をクリックすると、ユーザー情報を変更したり、別プロジェクトのメンバーとして追加したりするための画面に遷移します。

「全般」タブ

　「全般」タブでは、ユーザーのログイン ID や氏名、メールアドレス、パスワードなどの情報の編集ができます。新規作成時と同じ情報が編集できます。

「グループ」タブ

「グループ」タブではユーザーが所属するグループの追加、変更ができます。

図 5-15-3 「グループ」タブ

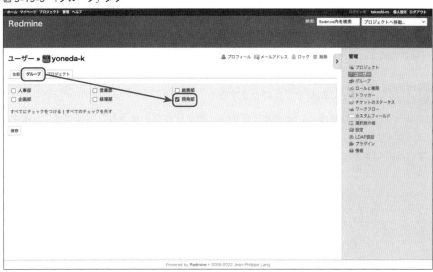

「プロジェクト」タブではユーザーがメンバーとして参加するプロジェクトの追加、変更ができます。

図 5-15-4 「プロジェクト」タブ

5-15-4　ユーザーのロックと削除

　ユーザー一覧画面で「ロック」をクリックすると、ユーザーが Redmine にログインできなくなり、プロジェクト一覧にも表示されなくなります。「ロック」は、たとえば異動・退職したユーザーに使用します。「削除」をクリックすると、ユーザーが完全に削除されます。

NOTE	ユーザーは削除せずにロックする

　ユーザーを削除すると、それまでそのユーザーが作成・更新した情報が全て「匿名ユーザー」によるものとなり、誰が作成したかわからなくなるため、できるだけ削除ではなくロックするのが良いでしょう。

5-16

ユーザーを一括登録する

Redmine 4.2 以降では、CSV ファイルをインポートすることで、複数のユーザーを一括登録することができます。

5-16-1 ユーザー登録用の CSV ファイルを作成する

インポートしたいユーザーの情報（ログイン ID、名、姓、メールアドレス、パスワードなど）を記述した CSV ファイルを作成します。

表 5-16-1 **CSV ファイルに指定できる主な項目**

項目	説明
ログイン ID	新しいユーザーがログイン時に使用するログイン ID を入力します。
名	ユーザーの名を指定します。
姓	ユーザーの姓を指定します。
メールアドレス	ユーザーのメールアドレスを指定します。
言語	ユーザーごとに表示言語を、たとえば日本語の場合「ja」、英語の場合「en」などと指定します。省略した場合は「管理」→「設定」画面の「表示」タブ内にある「デフォルトの言語」で設定されている言語で登録されます。
システム管理者	ユーザーをシステム管理者として登録するかを「はい」または「いいえ」で指定します。 省略した場合は、「いいえ」（システム管理者ではない）で登録されます。
認証方式	ログイン時の認証方式として、Redmine の認証を使う「内部」か「登録済みの LDAP サーバの名称」を指定します。省略した場合は、「内部」で登録されます。
パスワード	ユーザーがログイン時に入力するパスワードを指定できます。
次回ログイン時にパスワード変更を強制	追加するユーザーが最初のログインを行う際に、パスワード変更を強制するかを「はい」「いいえ」で指定します。省略した場合は、「いいえ」で登録されます。
ステータス	active（ログインして利用可能）、registered（ログインできない）、locked（ロック中）のいずれかの状態を指定できます。CSV ファイルで指定がない場合は、「active」状態でユーザーが登録されます。ユーザー登録後にすぐにログインして Redmine を使いたい場合、指定不要です。

5-16-2 作成した CSV ファイルをアップロードしてインポートする

「管理」→「ユーザー」画面を開き、「新しいユーザー」リンクの右にある「…」をク
リックして、「インポート」を選択します。

図 5-16-1 「管理」→「ユーザー」画面で「インポート」を選択する

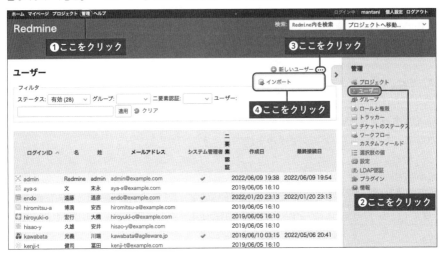

「ユーザーのインポート」画面が表示されたら、「ファイルを選択」ボタンをクリック
して CSV ファイルを選択します。CSV ファイルを選択したら、「次」をクリックします。

図 5-16-2 一括登録用 CSV ファイルを選択する

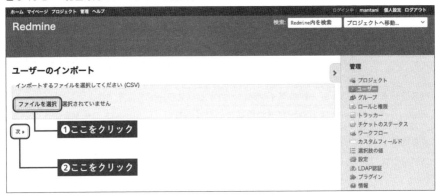

CSVファイルの形式に合わせて「オプション」の内容を変更し、「次」をクリックします。

図 5-16-3　**CSV ファイルの形式に合わせて「オプション」の内容を変更する**

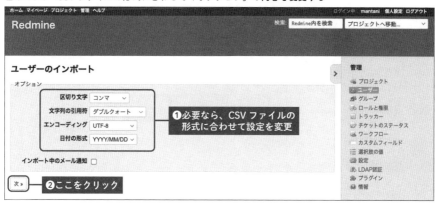

CSVファイル内の各列が Redmine 上のどのフィールドと対応するかが自動的に設定されます。対応関係を確認し、必要があれば「フィールドの対応関係」で設定を変更してください。

設定が済んだら、画面左下の「インポート」ボタンをクリックします。

プロジェクト運用に関わる設定

図 5-16-4　インポート時に CSV ファイルとのフィールドの対応関係を確認する画面

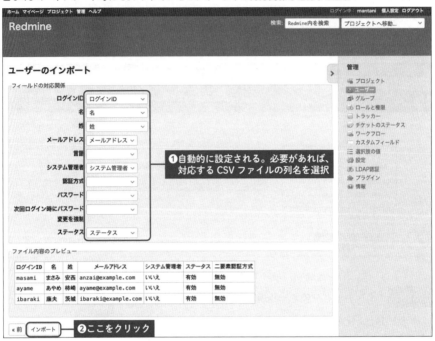

インポートが完了すると、登録したユーザーの一覧が表示されます。

図 5-16-5　インポート結果の表示画面

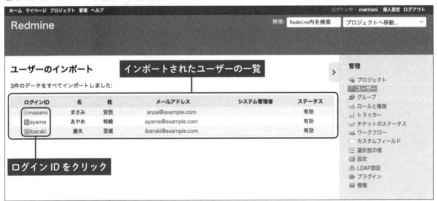

各ユーザーのログイン ID をクリックして、CSV ファイルの情報が正しく登録されているかを確認してください。

図 5-16-6　登録したユーザー情報画面

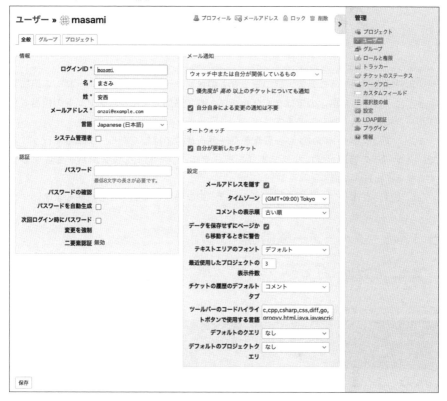

5-17

グループを作成・管理する

グループを利用することで、プロジェクトのメンバーにたくさんのユーザーを追加するときに一人ひとり選ぶのではなくグループとして追加できたり、チケットの担当者をグループに割り当てたりできます。

また、プロジェクトのメンバー管理をユーザー単位ではなくグループ単位で行うことで、メンバーの管理が楽になります（4-17「グループを利用してメンバー管理をしやすくする」p.204 参照）。

ここでは、グループの作成方法、グループへのユーザー追加方法を説明します。

5-17-1　グループ一覧画面

「管理」→「グループ」とクリックして、グループ一覧画面を表示します。

図 5-17-1　グループ一覧画面

5-17-2 新しいグループの作成

グループを作成するには、画面右上の「新しいグループ」をクリックします。

図 5-17-2 「新しいグループ」画面

「新しいグループ」画面が表示されます。

「名称」を入力し、「作成」ボタンをクリックすると、新しいグループが作成されます。

「二要素認証必須」をオンにすると、作成するグループにおいて、二要素認証の設定を必須にすることができます Redmine 5.0 以降。

グループを作成後、グループの編集からユーザーを追加したり、プロジェクトを追加したりできます。

5-17-3 グループの編集

グループ一覧画面で編集したいグループの名称をクリックすると、グループの名称変更、グループへのユーザー追加、グループをプロジェクトに参加させるなどの画面に遷移します。この画面は「全般」「ユーザー」「プロジェクト」という 3 つのタブから構成されています。

「全般」タブでは、グループの名称を変更することができます。

「ユーザー」タブでは、グループを構成するユーザーの一覧表示、追加、削除を行えます。

図 5-17-3 「ユーザー」タブ

「プロジェクト」タブでは、そのグループがメンバーとなっているプロジェクトの一覧表示、追加、削除、ロールの変更を行えます。

図 5-17-4 「プロジェクト」タブ

5-17-4 グループの削除

グループ一覧画面で「削除」リンクをクリックすると、グループが完全に削除されます。

図 5-17-5 「削除」リンクをクリック

5-18 ロールと権限を設定する

プロジェクトメンバーは何らかの「役割」を持ってプロジェクトに参加します。このプロジェクトメンバーの役割のことをロールといいます。

また、「プロジェクトの追加」「チケットの追加」など、「Redmineでできること」を定義するのが権限です。

ロールに対して、きめ細かく権限を設定(オン・オフ)することで、プロジェクトメンバーが各自の役割に集中できるようになります。

ここでは、ロールと権限の設定方法を紹介します。

5-18-1 デフォルトのロール

「管理」→「ロールと権限」画面を開くと、デフォルトで用意されているロールの一覧を確認できます。

図 5-18-1 「管理」→「ロールと権限」画面

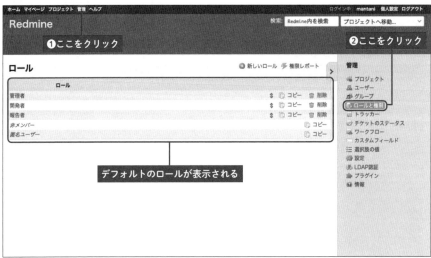

310

Redmine には、デフォルトで 5 種類のロールが定義されています。
これらのうち、管理者、開発者、報告者は編集・削除が可能です。

・管理者：プロジェクトの全ての操作が行えます。
・開発者：管理機能を除く多くの操作が行えます。
・報告者：チケットの作成やコメントの追加などが行えます。

　上記とは別に、プロジェクトに属していないユーザーが自動的に割り当てられる、削除できない組み込みロールが存在します。

・非メンバー　　：ログイン中のユーザーが、自分がメンバーとなっていない公開プロ
　　　　　　　　　ジェクトにアクセスする際に適用されるロールです。
・匿名ユーザー：ログインしていないユーザーが公開プロジェクトにアクセスする際
　　　　　　　　　に適用されるロールです。

5-18-2　新しいロールの作成またはロールの編集

　デフォルトのロールを利用できそうであれば、設定を確認・編集して流用します。もし、デフォルトのロールと異なるロールを作成したい場合は、「管理」→「ロールと権限」画面右上の「新しいロール」ボタンをクリックして新規作成するか、既存のロールをコピーして編集します。

図 5-18-2　新しいロール作成画面

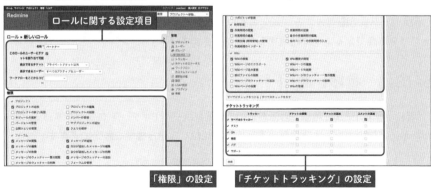

311

新しいロールの作成画面には、次のような設定項目があります。

ロールの設定

最初に作成するロールに関する設定を行います。

表 5-18-1　ロールに関する設定項目

このロールのユーザーにチケットを割り当て可能	オフにすると、このロールを割り当てられたメンバーはチケットの担当者にすることはできなくなり、担当者の一覧にも表示されなくなります。
表示できるチケット	デフォルトでは「プライベートチケット以外」が選択されています。「すべてのチケット」を選択すると、プライベートチケットも閲覧できるようになります。
表示できるユーザー	ウォッチャーに表示されるユーザーやプロフィール画面を表示できるユーザーの範囲を指定します。
ワークフローをここからコピー	ロールの作成と同時に、そのロールに対するワークフローを別のロールのワークフローからコピーして作成できます。

「権限」の設定

ロールに与える権限のチェックボックスをオンにします。

下部の「すべてにチェックを入れる」をオンにすると、すべての権限がオンになります。

「チケットトラッキング」の設定

ロール内でトラッカー（5-19「トラッカーを設定する」p.314 参照）ごとにチケットを操作する権限を設定することができます。

例えば、不具合を報告する「報告者」ロールに対して、「不具合」トラッカーのチケットだけを作成できるように制限することができます。

5-18-3　権限レポート

「管理」→「ロールと権限」画面右上の「権限レポート」ボタンをクリックすると、ロールごとに権限のオン・オフ状態が表示され、比較しながら権限を設定できます。

図 5-18-3 権限レポート画面

5-19

トラッカーを設定する

　トラッカーは、チケットで使用するフィールド（入力項目）やステータスなどを定義する機能です。

　トラッカーを定義することで、使用するカスタムフィールドや、ワークフロー（どのステータスを使うのか、どのステータスからどのステータスへの遷移を認めるのか）などを設定することができます。

　ここでは、トラッカーの設定方法を紹介します。

5-19-1　デフォルトのトラッカー

　「管理」→「トラッカー」画面を開くと、Redmine にデフォルトで用意されているトラッカーの一覧を確認できます。

図 5-19-1　「管理」→「トラッカー」画面

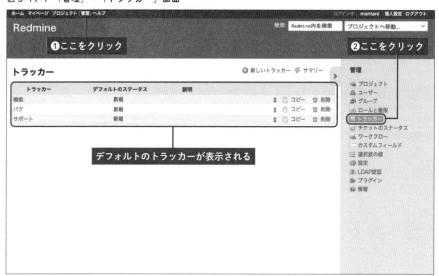

デフォルトでは、一般的なソフトウェア開発において想定される 3 つのトラッカー
が用意されています。

・バグ
・機能
・サポート

異なる業種では、既存のトラッカーを編集したり、新しいトラッカーを追加したりす
る必要があります。

5-19-2　新しいトラッカーの作成または既存トラッカーの編集

デフォルトのトラッカーを利用できそうであれば、設定を確認・編集して流用します。
もし、デフォルトのトラッカーと異なるトラッカーを作成したい場合は、「管理」→「ト
ラッカー」画面右上の「新しいトラッカー」から新規作成するか、既存のトラッカーを
コピーして編集します。

図 5-19-2　新しいトラッカー作成画面

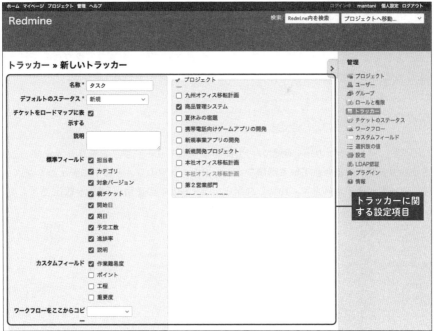

トラッカーの設定

最初に作成するトラッカーに関する設定を行います。

表 5-19-1　トラッカーに関する設定項目

名称	作成するトラッカーに対して、「タスク」「要望」「QA」「不具合」など、業務で使用するのに適した名称をつけます。
デフォルトのステータス	新しいチケットを作成するときに、最初の状態（ステータス）を選択します。
チケットをロードマップに表示する	オンにすると、「ロードマップ」画面の各バージョンの「関連するチケット」エリアに表示されます。
説明	新しいチケットを作成するときに、この説明文を表示します。
標準フィールド	デフォルトですべてオンにされています。運用上必要がないものは、担当者の負荷を軽減するためにも、オフにします。
カスタムフィールド	このトラッカーで入力すべきカスタムフィールドをオンにします。
ワークフローをここからコピー	トラッカーの作成と同時に、そのトラッカーに対するワークフローを別のトラッカーのワークフローからコピーして作成できます。
プロジェクト	右側のプロジェクト一覧のエリアで、このトラッカーを使用するプロジェクトにチェックを入れます。

WARNING　ワークフローをコピーしないとどうなる？

　ワークフローをコピーしないと、そのままではステータスを変更できず、当該トラッカーを利用できなくなります。トラッカーを作成する際は、必ずワークフローの設定を行ってください（詳細は 5-21「ワークフローを設定する」p.322 参照）。

5-19-3　サマリー

　「管理」→「トラッカー」画面の右上にある「サマリー」ボタンをクリックすると、トラッカーごとに使われている標準フィールドとカスタムフィールドにチェックが入っている一覧が表示されます。比較しながら、フィールドの使用・不使用を設定できます。

図 5-19-3　サマリー画面

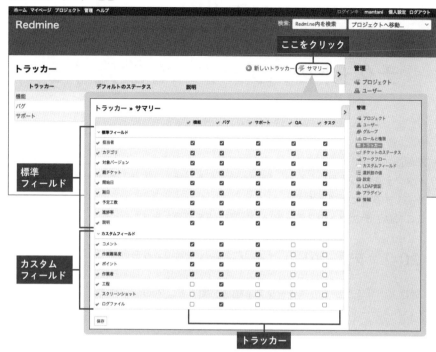

5-20

チケットのステータスを設定する

　新しいチケットの作成画面（2-2「チケットを作成する」p.21 参照）や、チケットの詳細画面（2-16「やるべきことを進めてチケットを更新する」p.64）で設定できる「ステータス」を新しく作成したり、設定を変更したりすることで、業務の進行状況を把握しやすくすることができます。

　ここでは、チケットのステータスの設定方法を紹介します。

5-20-1　デフォルトの 「チケットのステータス」

　「管理」→「チケットのステータス」画面を開くと、Redmine にデフォルトで用意されているステータスの一覧を確認できます。

図 5-20-1　「管理」→「チケットのステータス」画面

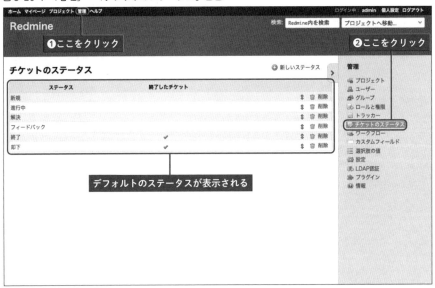

ステータスは、ワークフロー（どのステータスからどのステータスへの遷移できるか）を設定することで、はじめて意味を持ちます。

デフォルトの6つのチケットのステータスは、図5-20-2のように遷移します。

図5-20-2　デフォルトのステータスを使用する場合の遷移図

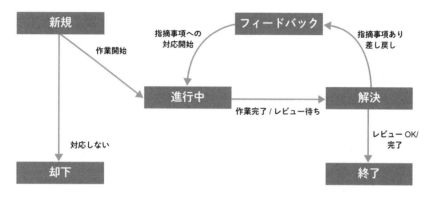

デフォルトのステータスは、一般的な業務を想定したものです。これを見積書作成という業務に限定して考えると、以下のようなステータスと、遷移を考えると良さそうです。

図5-20-3　見積書用途に特化したステータスと遷移図

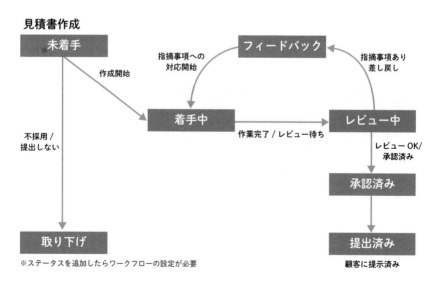

単純なタスク業務や、作業依頼の処理を管理する場合は、ステータスも遷移も単純化することができます。

図 5-20-4　単純化したステータスと遷移図

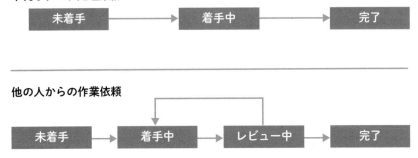

WARNING　ステータスを作成したらワークフローの設定が必要

新しいステータスを作成したら、必ずワークフローの設定が必要です。ワークフローの設定については 5-21「ワークフローを設定する」p.322 を参照してください。

5-20-2　新しいステータスの作成

デフォルトのステータスと異なるステータスを作成したい場合は、「管理」→「チケットのステータス」画面右上の「新しいステータス」から新規作成します。

図 5-20-5　新しいステータス作成画面

チケットの進捗率の算出方法が「チケットのステータスに連動」となっている場合は、このステータスの進捗率も設定します（4-13「進捗率を使わないで進捗管理をする」p.188 参照）。

　作成するステータスが「終了」を表すステータスであれば、「終了したチケット」をオンにします。

5-20-3　進捗率の更新

　プロジェクトの運用途中で、「進捗率の算出方法」（4-13「進捗率を使わないで進捗管理をする」p.188 参照）を「チケットのフィールドを使用」から「ステータスに連動」する設定に変更した場合、既存チケットの進捗率とステータスを基準にした進捗率とが異なってしまう可能性が生じます。

　設定変更後に「管理」→「チケットのステータス」画面右上に表示される「進捗率の更新」をクリックすると、ステータスごとに設定された進捗率に更新されます。

図 5-20-6　進捗率の更新

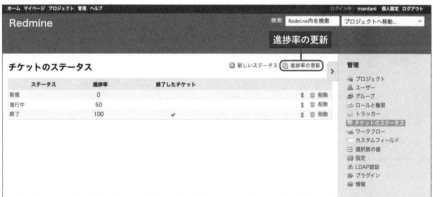

5-21

ワークフローを設定する

　ワークフローは、チケットの作成から完了までの流れに関する機能です。プロジェクトのメンバーがチケットのステータスをどのように遷移させられるか、どの項目を必須入力とできるかを設定できます。デフォルトで作成されたロールとトラッカー、ステータスに対して、ワークフローがあらかじめ用意されています。

　ワークフローはロールとトラッカーの組み合わせごと（ロール数×トラッカー数）に設定されます。

　「管理」→「ワークフロー」画面の「ステータスの遷移」タブで、任意の「ロール」と「トラッカー」を選択し、「編集」ボタンをクリックすると、次のような縦軸・横軸を持つのマトリックス状の画面が表示されます。

・縦軸：現在のステータス
・横軸：遷移できるステータス

図 5-21-1　ロール「管理者」、トラッカー「機能」のステータスの遷移画面

ワークフロー					コピー サマリー
ステータスの遷移　フィールドに対する権限					
ワークフローを編集するロールとトラッカーを選んでください:					
ロール: 管理者 ∨ ＋ トラッカー: 機能 ∨ ＋ 編集 ☑ このトラッカーで使用中のステータスのみ表示					

✔ 現在のステータス	遷移できるステータス				
	✔ 未着手	✔ 着手中	✔ 修正中	✔ 終了	✔ 却下
✔ 新しいチケット	☑	☐	☐	☐	☐
✔ 未着手	☑	☑	☑	☑	☑
✔ 着手中	☑	☑	☑	☑	☑
✔ 修正中	☑	☑	☑	☑	☑
✔ 終了	☑	☑	☑	☑	☑
✔ 却下	☑	☑	☑	☑	☑

> チケット作成者に追加で許可する遷移
> チケット担当者に追加で許可する遷移

保存

「管理」→「ワークフロー」画面の「フィールドに対する権限」タブで、任意の「ロール」と「トラッカー」を選択し、「編集」ボタンをクリックすると、次のような縦軸・横軸を持つのマトリックス状の画面が表示されます。

- ・縦軸：標準フィールド
- ・横軸：チケットのステータス

図 5-21-2　ロール「管理者」、トラッカー「機能」のフィールドに対する権限画面

新しくワークフローを設定する場合でも、既存のワークフローを基に作成するのが一般的です。コピーしたワークフローを編集して作成しましょう。

新しくロールまたはトラッカーを作成する際に、ワークフローをコピーしなかった場合は、ここで一から設定していきます。

| NOTE | セクション 5-21 を理解するための前提知識 |

このセクションの背景として、次のセクションが参考になります。

- ・4-21「管理者だけがチケットのステータスを完了できるようにする」p.218
- ・4-22「ワークフローを進めるために特定のフィールドを必須項目にする」p.221
- ・4-23「トラブル防止のために特定のフィールドを読み取り専用にする」p.225
- ・4-24「管理者のみプロジェクトのスケジュールを変更できるようにする」p.228

5-21-1　ステータスの遷移の設定

「ステータスの遷移」タブでは、ユーザーがチケットの「ステータス」をどのように遷移できるのかを設定します。

設定すべき任意の「ロール」と「トラッカー」の組み合わせを選択して、「編集」ボタンをクリックします。

図 5-21-3　「ステータスの遷移」タブ

遷移できるステータスの組み合わせについてチェックボックスをオンにします。
「ロール」と「トラッカー」の組み合わせの数だけ、同じように設定してください。

NOTE　追加したステータスが表示されないときは

「編集」ボタンの右側に置かれた「このトラッカーで使用中のステータスのみ表示」をオフにすると、すべてのステータスが表示されます。

NOTE　全く同じ設定を複数のロールやトラッカーに対して適用するには

ロールとトラッカーの選択肢の右側の「+」をクリックしてから複数選択すると一度に設定できます。

> **NOTE** チケットの作成者や担当者に特別な権限を与えるには
>
> 「チケット作成者に追加で許可する遷移」「チケット担当者に追加で許可する遷移」
> をクリックすると、同様のマトリックスが表示され、通常はチケットのレビューや承
> 認をするだけのワークフローのある人が、チケットを作成したり担当者になった際に
> 追加でワークフローを設定したりすることができます。

5-21-2　フィールドに対する権限の設定

　「フィールドに対する権限」タブでは、標準フィールドの入力を、ステータスに応じ
て必須にしたり、読み取り専用にしたりする設定を行えます。

　フィールドに対する権限を編集するには、設定すべき任意の「ロール」と「トラッカー
の組み合わせ」を選択し、「編集」ボタンをクリックします。

図 5-21-4　「フィールドに対する権限」タブ

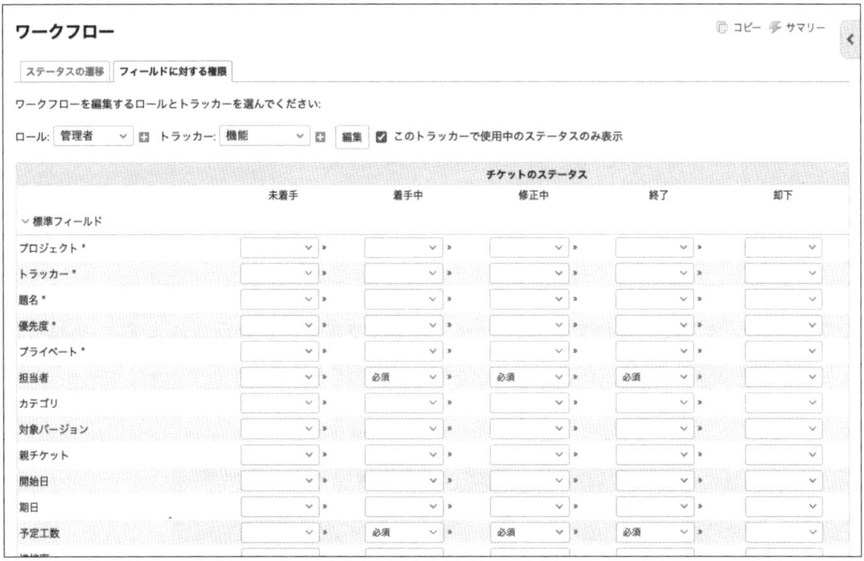

　権限を変更する「標準フィールド」と「チケットのステータス」の組み合わせで、「読
み取り専用」または「必須」を選択します。

　「>>」ボタンをクリックすると、右側の各ステータスに対して、同じ権限が一括で設
定されます。

　「ロール」と「トラッカー」の組み合わせの数だけ、同じように設定してください。

5-21-3　ワークフローのコピー

　ワークフローの設定を既存のトラッカーとロールの組み合わせからコピーしたい場合、画面右上の「コピー」をクリックして、コピー元とコピー先を選択し、コピーします。

図 5-21-5　ワークフローのコピー画面

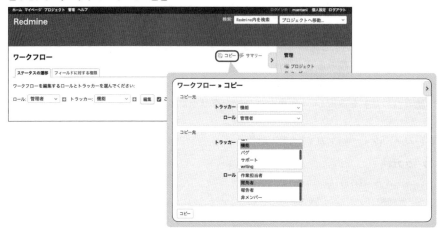

5-21-4　ワークフローのサマリー

　ワークフロー一覧の右上にある「サマリー」をクリックすると、トラッカーとロールのマトリックスで設定されているステータス遷移できる数が表示されます。それぞれにリンクがあるので、そこからワークフローの設定ができます。

図 5-21-6　ワークフローのサマリー画面

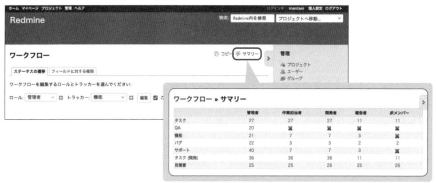

5-22

カスタムフィールドを作成する

　ここでは、標準フィールドとは別の、独自に管理したい**カスタムフィールド**の作成を行います。

図 5-22-1　カスタムフィールド「重要度」「承認日」が追加されているチケット

NOTE　このセクションに関係するセクション

このセクションの背景として、以下のセクションが参考になります。

・2-5「チケットに独自の入力項目を追加する」p.33

・4-6「プロジェクト情報に独自の項目を追加して一覧表示する」p.151

5-22-1　独自の情報を管理する場所

　カスタムフィールドを使うと、以下のように様々な場所で独自の情報を管理できます。多くの場合、チケット単位またはプロジェクト単位でカスタムフィールドを管理したいケースが多いでしょう。管理できるカスタムフィールドとしては、以下のような対象となる項目があり、そのカスタムフィールドが表示される箇所を示しています。

カスタムフィールドを追加できるオブジェクト

　次の5つのオブジェクトに対してカスタムフィールを追加すると、各画面内に表示されます。

- ・チケット
- ・プロジェクト
- ・バージョン
- ・ユーザー
- ・グループ

　一方、次の4つのオブジェクトに対してカスタムフィールドを追加しても、表示する画面が存在しません。

　これらに対して追加したカスタムフィールドは、プラグインなどを通して利用することになります。

- ・作業時間
- ・作業分類（時間管理）
- ・チケットの優先度
- ・文書カテゴリ

　カスタムフィールドは、一般的にチケットに追加するケースが最も多いため、以降では、チケットにカスタムフィールドを追加する手順を解説します。

5-22-1　カスタムフィールド作成の準備

　「管理」→「カスタムフィールド」画面を開き、画面右上の「新しいカスタムフィールド」をクリックします。

カスタムフィールドを追加するオブジェクトとして「チケット」をオンにし、「次≫」
ボタンをクリックします。

図 5-22-2　チケットを選択できる部分の画面

すると、次のようなカスタムフィールド作成画面が開きます。

図 5-22-3　カスタムフィールド作成画面

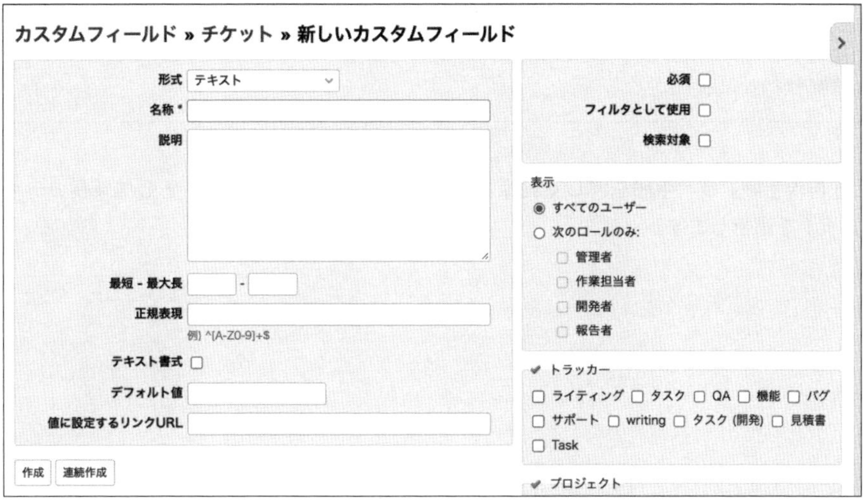

最初に「形式」というプルダウンがあり、ここでカスタムフィールドの形式を選ぶこ
とができます。

カスタムフィールドの「形式」は、記録する情報の性質によって決まります。また、カスタムフィールの作成手順は「形式」によって異なります。

　以降では、2つの形式のカスタムフィールドを作成する手順を紹介します。

5-22-2　「長いテキスト」形式のカスタムフィールドの作成

　ソフトウェアに不具合が見つかった場合の「再現手順」を記録するカスタムフィールドを作成する例です。

図 5-22-4　「再現手順」がチケットに表示されている画面

　「再現手順」は、手順を詳しく記録ことが期待されるため、「形式」として「長いテキスト」を選択します。

図 5-22-5　長いテキスト形式のカスタムフィールド作成画面

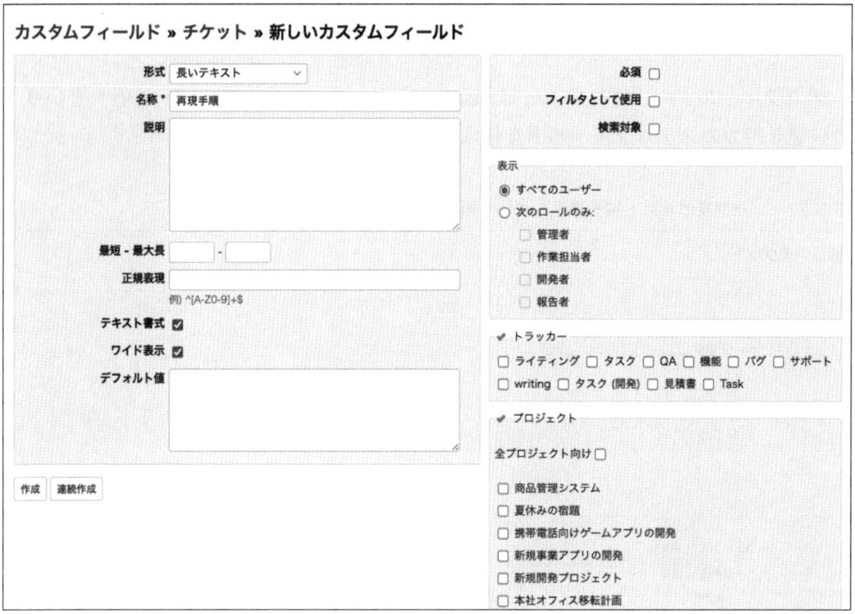

・「名称」:「再現手順」と入力します。
・「説明」:チケットの入力画面でその項目名にマウスオーバーしたときに説明が表示されます。
・「テキスト書式」:オンにすると、TextileやMarkdownなどのマークアップを利用できるようになります。
・「ワイド表示」:オンにすると、「説明」欄同様に画面幅いっぱいに表示され、長いテキストを入力しやすくなります。

　この画面の右側では、表示対象となるユーザーやトラッカー、プロジェクトなどを選択します。
　必要な項目の入力が済んだら、「作成」ボタンをクリックします。

5-22-3　リスト形式のカスタムフィールドの作成

　標準フィールドの「優先度」とは別に、「重要度」として「高」「中」「低」という3つの値を持つカスタムフィールドを作成する例です。

図 5-22-6　**重要度のリスト値を表示している画面**

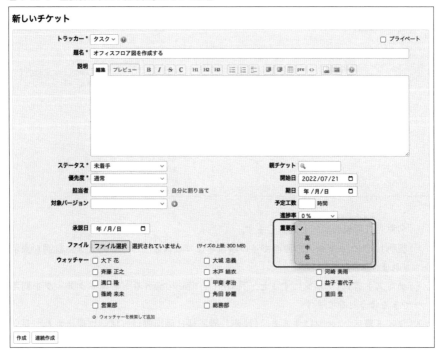

　「重要度」のような情報を記録する場合は、「キー・バリュー リスト」形式が適しています。

　「キー・バリューリスト」形式のカスタムフィールド作成は、他の形式よりも手順が多くなります。

　「形式」として「キー・バリュー リスト」を選択します。

ールド » チケット » 新しいカスタムフィールド

形式	キー・バリュー リスト ∨
名称 *	重要度
説明	

複数選択可 ☐
値に設定するリンクURL
表示 ドロップダウンリスト ∨

[作成] [連続作成]

必須 ☐
フィルタとして使用 ☐

表示
◉ すべてのユーザー
◯ 次のロールのみ:
  ☐ 管理者
  ☐ 作業担当者
  ☐ 開発者
  ☐ 報告者

✔ トラッカー
☐ ライティング ☐ タスク ☐ QA ☐ 機能 ☐ バグ ☐ サポート
☐ writing ☐ タスク (開発) ☐ 見積書 ☐ Task

✔ プロジェクト

全プロジェクト向け ☐

☐ 商品管理システム
☐ 夏休みの宿題
☐ 携帯電話向けゲームアプリの開発
☐ 新規事業アプリの開発
☐ 新規開発プロジェクト
☐ 本社オフィス移転計画

名称：「重要度」と入力します。
表示：「ドロップダウンリスト」を選択します。

　カスタムフィールドを作成した後でないと、リストの選択肢を入力できないため、ここで一度「作成」ボタンをクリックします。

　すると、カスタムフィールドの一覧画面が表示されるので、作成した「重要度」をクリックして開きます。

　新たに「選択肢」という項目が表示されるので、右側の「編集」をクリックします。

図 5-22-8　「重要度」のカスタムフィールド画面

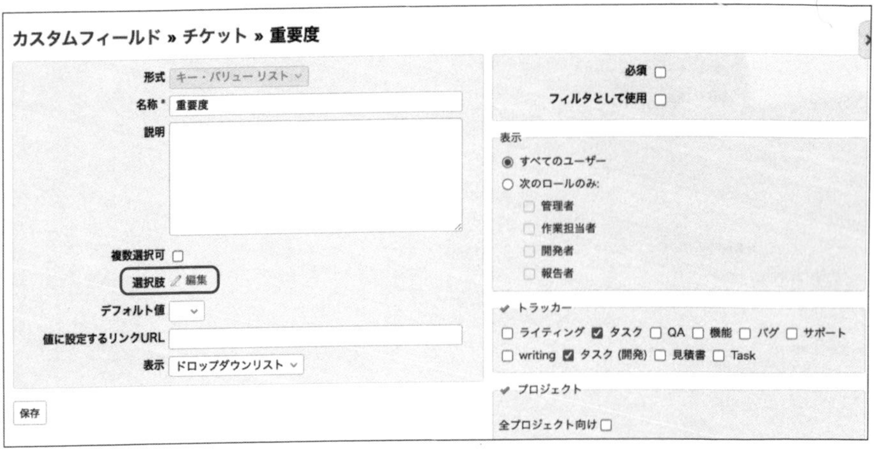

ドロップダウンリストの編集画面が開きます。

図 5-22-9　選択肢の新しい値を入力する画面

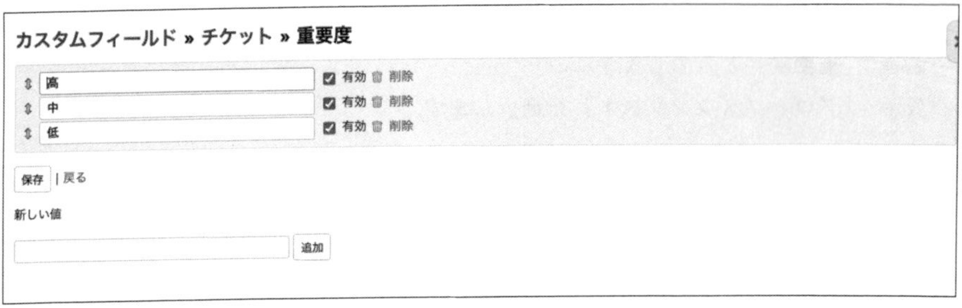

　ここで「高」「中」「低」という 3 つの値を入力します。「新しい値」に「高」と入力して、「追加」ボタンをクリックすると、画面が更新されます。同様にして「中」「低」を追加してください。
　ここでいったん「戻る」をクリックし、「デフォルト値」を設定します。

図 5-22-10　デフォルト値を設定している画面

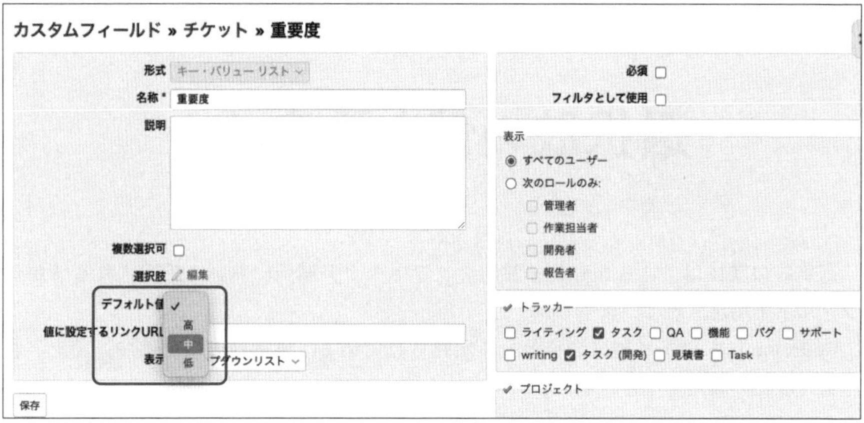

カスタムフィールド » チケット » 重要度

形式	キー・バリューリスト ∨
名称*	重要度
説明	
複数選択可	☐
選択肢	✎ 編集
デフォルト値	✓
	高
値に設定するリンクURL	中
	低
表示	ドロップダウンリスト ∨

必須 ☐
フィルタとして使用 ☐

表示
◉ すべてのユーザー
◯ 次のロールのみ:
　☐ 管理者
　☐ 作業担当者
　☐ 開発者
　☐ 報告者

✓ トラッカー
☐ ライティング ☑ タスク ☐ QA ☐ 機能 ☐ バグ ☐ サポート
☐ writing ☑ タスク（開発） ☐ 見積書 ☐ Task

✓ プロジェクト

保存

　入力した値を使用できるこの状態で、画面右側の表示対象となるユーザーやトラッカー、プロジェクトなどを選択してください。

　必要な項目の入力が済んだら、「保存」ボタンをクリックします。

NOTE　**「キー・バリューリスト」と「リスト」の違い**

　「キー・バリューリスト」と似た「形式」として「リスト」がありますが、これは旧バージョンの Redmine との互換性維持のために存在しています。Redmine 3.2 以降では「キー・バリューリスト」形式を利用してください。「リスト」は、選択肢の値を後から変更できないためです。

NOTE　**カスタムフィールドの表示位置を変えるには**

　新しくカスタムフィールドを作成すると、チケットの最後（画面最下部）に追加されます。チケットの画面内でフィールドの表示順序を変えたい場合は、カスタムフィールドの一覧画面で上下方向を指す矢印アイコンを上下にドラッグ＆ドロップしてください。

　カスタムフィールドは上から下へ配置されていきますが、「ワイド表示」がある「長いテキスト」形式のカスタムフィールドは、常に最下部に配置されます。

5-23

選択肢の値を設定する

　選択肢の値には、あらかじめ一般的なソフトウェア開発において想定される値がデフォルトで用意されています。

　Redmineにおいて単純に名称として定義されていて、選択肢の値を追加、変更、並べ替えなどの設定ができます。

図5-23-1　「選択肢の値」の画面

表 5-23-1　選択肢の値の設定

作業分類（時間管理）	チケットの作業実績を入力する際に使う作業分類を定義しています。
チケットの優先度	チケットの優先度を定義しています。
文書カテゴリ	プロジェクトの文書を登録する際の文書カテゴリを定義しています。

　表の右端には上下方向を指す矢印があります。この矢印はソートを意味しており、ドラッグすることで表における選択肢の表示順序を入れ替えられます。

　選択肢の値を追加する場合は、「新しい値」をクリックしてください。

　既存の値の「名称」を変更したり、有効化・無効化したり、デフォルト値を変更したりしたい場合は、値の名称をクリックします。

　たとえば、「作業分類（時間管理）」の値、「設計作業」をクリックすると、次のような画面が表示されます。

図 5-23-2　作業分類の値の編集画面

　「デフォルト値」を設定していない場合は、表の一番上の行の値がデフォルト値とみなされます。選択肢の中から最も利用されるであろう値を「デフォルト値」に設定することで、担当者のひと手間を省けます。

5-24

リマインダー（メール通知）を設定する

「期日」が迫っているか、もしくは過ぎてしまっているチケットの一覧をメールで通知するように設定できます。

図 5-24-1　実際の通知メール例

> **3件のチケットの期日が7日以内に到来します**　🖨 ↗
>
> 外部　受信トレイ ✕
>
> ? **Lychee Redmine** <no-reply@localhost.com>　　1月25日(火) 7:00 (1 日前)　★ ↩ ⋮
>   To ▾
>
> <u>3</u>件の担当チケットの期日が7日以内に到来します:
>
> - 企業ウェブサイトのリニューアル - <u>タスク #514</u>: 対応デバイス検討 (期日まで 0日)
> - 企業ウェブサイトのリニューアル - <u>タスク #513</u>: サイト/ドメイン名称検討 (期日まで 1日)
> - 企業ウェブサイトのリニューアル - <u>タスク #515</u>: プライバシーポリシーの策定 (期日まで 1日)
>
> <u>すべてのチケットを表示</u> (3件未完了)

5-24-1　リマインダーの設定方法

redmine:send_reminders を実行することにより、各ユーザーに対して期日が間近のチケットおよび期日を超過したチケットの一覧をメールすることができます。

●リマインダーの設定

リマインダーの設定は、自社サーバーであればサーバー管理者に、クラウドサービスの Redmine であればクラウドサービス事業者に依頼する必要があります。

Redmine がインストールされているディレクトリ（以降では /installed_redmine_path とします）で、次のコマンドを実行することにより、各ユーザーに対して期日間近のチケットをメール通知できます。

```
bundle exec rake redmine:send_reminders
```

　このコマンドに表 5-24-1 のパラメータを追加することで、通知される条件を変える
ことができます。

表 5-24-1　redmine:send_reminders コマンドのパラメータとその意味

パラメータ名	説明	デフォルトの設定
days	期限何日前から通知するか	7
tracker	通知対象トラッカーの id	すべてのトラッカー
project	通知対象プロジェクトの id または識別子	すべてのプロジェクト
users	通知対象のユーザーまたはグループの id※	すべてのユーザー
version	通知対象の対象バージョン	－（指定なし）

※コンマで区切って複数の id を指定できます。

5-24-2　cron で定期実行するように設定する

　Linux などの Unix 系 OS では、cron で毎日自動的に通知されるよう設定しておくと
便利です。
　crontab ファイルに次のような設定を書いておくと、5 日以内に期日を迎えるチケッ
ト、またはすでに期日が過ぎたチケットの一覧を、各ユーザーに毎日午前 9 時にメー
ル通知してくれます。
　なお、紙面では改行されて見えますが、crontab ファイルには途中で改行せず、1 行
に入力してください。

```
00 9 * * * root cd /installed_redmine_path ; bundle exec rake redmine:send_remind
ers days=5 RAILS_ENV=production
```

　分、時、月、日、曜日、実行ユーザー、実行コマンドと並んでおり、「;」はコマンド
間の区切りを表します。

5-25

プロジェクトをアーカイブ
または削除する

　プロジェクトが終了したら、Redmine のプロジェクトも「終了」状態にしますが、プロジェクトをアーカイブまたは削除することもできます。基本的にはプロジェクトを終了するだけでよく、過去のプロジェクトを（参考にするために）参照できるようにしておきます。

　ただ、古くて誤りの多い場合や、機密データが含まれている場合など、後からの参照に向かない場合には、アーカイブします。

　プロジェクトを削除するとデータの復活ができなくなるため、基本的に行いません。

　しかし、サーバの空き領域が不足している場合や、プロジェクトを間違って作ってしまった場合などは、プロジェクトの削除を検討しても構いません。

　「管理」→「プロジェクト」画面を開くと、プロジェクトの一覧が表示されるので、ここでプロジェクトのアーカイブや削除を行います。

5-25-1　プロジェクトをアーカイブする

　プロジェクトをアーカイブするには、該当プロジェクトと同じ行の「アーカイブ」リンクをクリックします。

　逆に、アーカイブしたプロジェクトを再び参照したい場合は、「フィルタ」の「ステータス」に「すべて」または「アーカイブ」を適用することで該当プロジェクトを表示させ、「アーカイブ解除」リンクをクリックします。

図 5-25-1　プロジェクトをアーカイブする画面

図 5-25-2　プロジェクトをアーカイブ解除する画面

5-25-2　プロジェクトを削除する

　「削除」リンクをクリックすると、プロジェクトを削除できます。「削除」リンクをクリックすると「本当にこのプロジェクトと関連データを削除しますか？」と警告が表示され、確認のためのプロジェクト識別子を入力し、画面下部の「削除」ボタンをクリックします。

図 5-25-3　警告が表示されている画面

確認
2025年春　札幌支店移転計画
本当にこのプロジェクトと関連データを削除しますか？
確認のためプロジェクト識別子 (sapporo-office-2025) を入力してください。
識別子 [   ]
削除　キャンセル

　プロジェクトの削除は物理的なデータの削除です。プロジェクトの削除は慎重に行ってください。また、削除対象のプロジェクトが正しいかどうかを必ず確認しましょう。

5-26

バージョン管理システムと
連係する設定を行う

バージョン管理システムと Redmine の連係設定は、「管理」→「設定」画面の「リポジトリ」タブで行います。

NOTE　このセクションと関係するセクション

このセクションでは、4-29 ～ 4-31「バージョン管理システムとの連係」（pp.246-253）を行うための設定を紹介します。

図 5-26-1　バージョン管理システムの設定画面

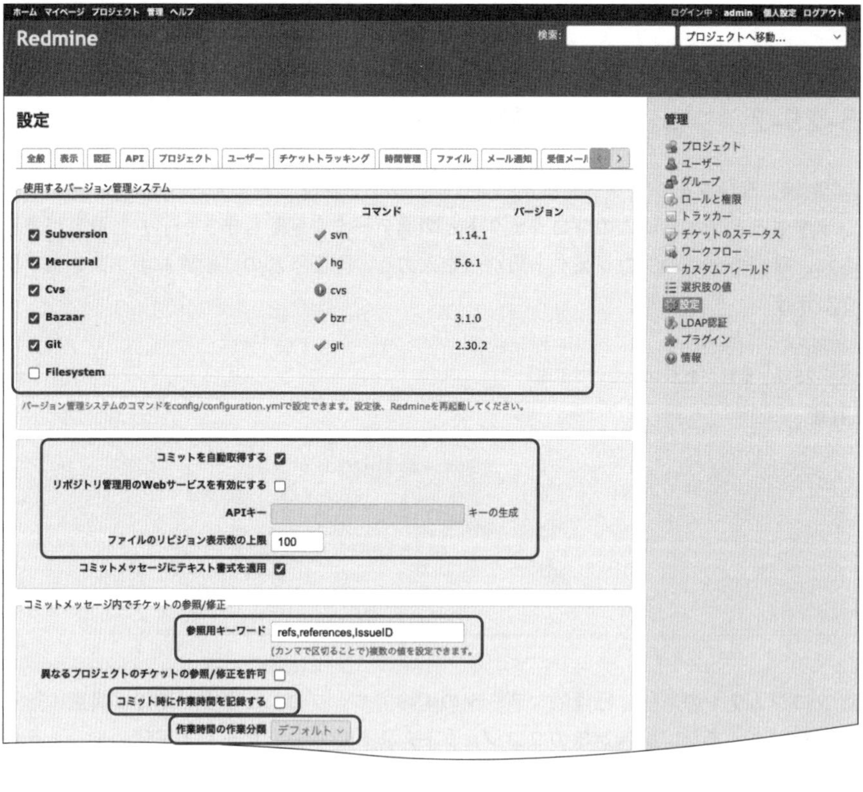

| ホーム マイページ プロジェクト 管理 ヘルプ | ログイン中：admin　個人設定　ログアウト |

Redmine

検索：　　　　　　　　プロジェクトへ移動... ✓

設定

全般　表示　認証　API　プロジェクト　ユーザー　チケットトラッキング　時間管理　ファイル　メール通知　受信メール　< >

使用するバージョン管理システム

		コマンド	バージョン
☑	Subversion	✔ svn	1.14.1
☑	Mercurial	✔ hg	5.6.1
☑	Cvs	ⓘ cvs	
☑	Bazaar	✔ bzr	3.1.0
☑	Git	✔ git	2.30.2
☐	Filesystem		

バージョン管理システムのコマンドをconfig/configuration.ymlで設定できます。設定後、Redmineを再起動してください。

コミットを自動取得する	☑
リポジトリ管理用のWebサービスを有効にする	☐
APIキー	キーの生成
ファイルのリビジョン表示数の上限	100
コミットメッセージにテキスト書式を適用	☑

コミットメッセージ内でチケットの参照/修正

参照用キーワード	refs,references,IssueID
	（カンマで区切ることで）複数の値を設定できます。
異なるプロジェクトのチケットの参照/修正を許可	☐
コミット時に作業時間を記録する	☐
作業時間の作業分類	デフォルト ✓

管理
- 🗂 プロジェクト
- 👥 ユーザー
- 👥 グループ
- 🔑 ロールと権限
- 🏷 トラッカー
- ✔ チケットのステータス
- ♻ ワークフロー
- ▭ カスタムフィールド
- ≣ 選択肢の値
- ⚙ 設定
- 🔒 LDAP認証
- 🔌 プラグイン
- ⓘ 情報

トラッカー	修正用キーワード	適用されるステータス	進捗率	
すべて ∨		∨	∨	🗑
	(カンマで区切ることで) 複数の値を設定できます。			⊕

保存

5-26-1 使用するバージョン管理システム

プロジェクトで利用する可能性のあるバージョン管理システムを全て選択します。

ここで選択したバージョン管理システムが、プロジェクトの「設定」→「リポジトリ」画面の選択肢として表示されます。

5-26-2 リポジトリの情報を自動的に取得する

通常 Redmine とリポジトリの情報は同期されていないので、リポジトリから最新のコミットの情報を Redmine に反映する仕組みが必要です。

コミット情報を最新の状態にしておく最善の方法は、リポジトリの更新と同時に Redmine にリポジトリ情報を取得させることです。

そのためには、「リポジトリ管理用の Web サービスを有効にする」をオンにすることで、リポジトリに更新があったときに Redmine サーバーにアクセスすることができ、Redmine がリポジトリ情報を取得するようになります。「API キー」は Redmine サーバーにアクセスする際に必要となります。

リポジトリの更新と同時に Redmine サーバーにアクセスする仕組みは、Redmine のインフラ担当やクラウドサービス事業者による準備が必要です。仕組み作りが不要で管理設定だけでリポジトリ情報の取得を行うためには、「コミットを自動取得する」をオンにすることで「リポジトリ」画面を開いたタイミングで、リポジトリからコミットの情報を自動的に取得します。ただし、この方法はタイムラグが生じます。

5-26-3 参照用キーワード

チケットとソースコードを関連付けるためのキーワードを設定できます（4-29「チケットとソースコードの関連付けとチケットの更新を行う」p.246 参照）。

他システム連携

343

5-26-4　コミット時に作業時間を記録する

「コミット時に作業時間を記録する」をオンにし、コミットメッセージ内に参照用キーワード・修正用キーワードとともに作業時間を入力すると、そのチケットに作業時間を記録できるようになります。

5-26-5　作業時間の作業分類

コミットメッセージで作業時間を記録する際、どの作業分類で記録するのかを指定します。

5-26-6　修正用キーワード

チケットとソースコードの関連付けと同時にチケットの「ステータス」と「進捗率」を更新するためのキーワードを設定できます（4-29「チケットとソースコードの関連付けとチケットの更新を行う」p.246 参照）。

右下の「＋」ボタンをクリックすると、「トラッカー」ごとに「適用されるステータス」と「進捗率」の設定を追加することができます。

5-27

LDAP認証する

Redmine は LDAP 認証に対応しています。LDAP 認証を利用して、Windows の Active Directory の認証も可能です。

5-27-1　LDAP の設定

「管理」→「LDAP 認証」画面を開き、画面右上の「新しい認証方式」をクリックします。

図 5-27-1　「管理」→「LDAP 認証」画面

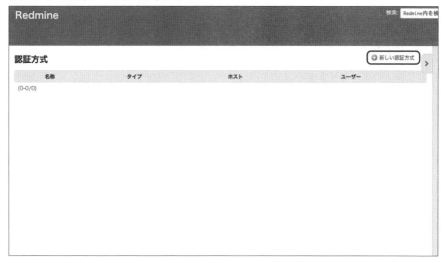

「新しい認証方式（LDAP）」画面で各項目を入力し、「作成」ボタンをクリックします。

図 5-27-2　「新しい認証方式（LDAP）」画面

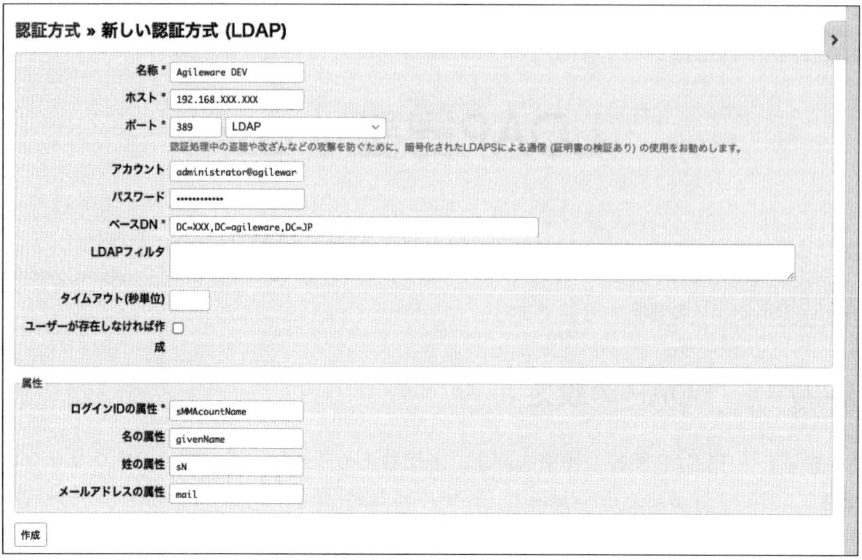

「ユーザーが存在しなければ作成」をオンにしておくと、LDAP 認証で初めて
Redmine にログインする際に、Redmine のユーザーが存在しなければ自動的にユーザー
が作成されます。そのために、ユーザー情報の各項目に対応する LDAP の属性名を設
定しておく必要があります。

CHAPTER

6

タスク・プロジェクト
管理とは

プロローグ

夏休みの宿題がギリギリになるのはなぜ?

CHAPTER 6 タスク・プロジェクト管理とは

子供の頃の夏休みの宿題、あなたは休み期間のどれぐらいで終わらせていましたか? 前半で終わってしまう人もいれば、最終日ギリギリに終わらせる人もいましたよね。学校からは「宿題を終わらせる」という「タスク」は与えられるものの、それをどのように終わらせていくのかという「方法」については教えてくれません。

ある調査によると、「全体の6割強の人が夏休み前半までに宿題を終わらせたいといっていました。ところが……」。なんと実際には約3人に1人、34.9%が最終日ギリギリまでかかったと答えていました(電通リサーチ調べ)。

勉強は本来子供にとってやりたいことではないでしょう。面倒なこと、義務としてやらなければならないことは、なかなか取り掛かりにくいものです。それは、人間にはつらいことは後回しにしたいという性質があるためです。

同じようなことは、仕事においても言えます。やらなければという義務感でタスクをこなす人も多いでしょう。

きちんとやっているつもりでも、モチベーションが影響し思ったほど進まず、日々やることに追われ、どんなにこなしてもいつも期日が迫っている状態、言わば夏休みの最終日がずっと続いているような感覚になってしまうのです。

コツコツと計画通りに進めていくためには、タスク管理やプロジェクト管理はとても重要です。

この章でタスク管理やプロジェクト管理のノウハウを知っておくことで、Redmineというツールの効果を高めることができます。単なるタスク・プロジェクト管理ツールとして利用するのではなく、ツールをうまく活用して、自分の思うように仕事を進めていけるようになることを目的としています。

タスク管理・プロジェクト管理を学んだ夏休みの宿題プロジェクト

タスク管理・プロジェクト管理を学ぶと、夏休みの宿題プロジェクトはどのように進められるかを考えてみます。

1. 目標を立てる

夏休みが7月20日から8月31日まであるとします。ギリギリにはしたくないので、余裕を10日ちょっと設け、8月19日までに宿題を終わらせるという目標を立てます。そうすると、宿題ができる期間は30日となります。

2. 計画を立てる

まず1日に宿題ができる時間を考えます。人によってはクラブ活動に励んで、それほど時間が取れない人も居るでしょう。

次に、宿題の全体ボリュームを把握し、1日に進められる宿題の量を考えてみます。1日10ページ、ドリルを進められると思えば、全体で100ページあるなら10日でドリルが終わるという計画が立てられます。

3. やってみて検証する

計画が思い通りに行かないことはよくあります。

実際に宿題をやってみて、計画していた1日10ページのドリルがどのくらい時間がかかるのかを測ります。

1日5ページしか進められなかったとすると、ドリルを終えるのに20日掛かるということが判明します。ドリル以外にも宿題があり、このままでは計画通りに宿題が終わらないということが分かるのです。

間違いのない計画を立てることが大事ではなく、プロジェクトの初期に間違いに気付くことが大事なのです。

4. 計画を修正する

なぜ想定通りに宿題が進められなかったかをタスク管理の中で振り返ります。分からないことにつまずいていたことが原因であれば、友達に教えてもらうことで解決するかもしれません。

そもそも想定が甘かったという見積もりの間違いに気付くかもしれません。それらを事実として受け止めて、計画を修正する対策を考えます。

1日に宿題をする時間を増やす。家では集中できないから図書館に行き効率を上げる。目標を遅らせる。などです。

そして、改めて実績に基づいた計画を立て直します。

こうすることで、夏休み最後の方になって宿題に追われる日々になるのではなく、毎日、宿題を計画通りに進めることができます。日々終わったという達成感を得られ、翌日も宿題に対して前向きに取り掛かれるほどになるかもしれません。

6-1

タスクとタスク管理を理解する

6-1-1　タスクとは何か

タスクとは、具体的にイメージできる作業のことです。
例えば、

・日報を書く
・A社向け請求書を発行する
・山田さんにメールを送る

など、作業を行う人がその内容を理解できていれば、それはタスクと言えるでしょう。
上記では、山田さんにメールを送る内容を具体的にイメージできていれば、タスクと言えます。

図 6-1-1　山田さんにメールを送る作業のイメージ

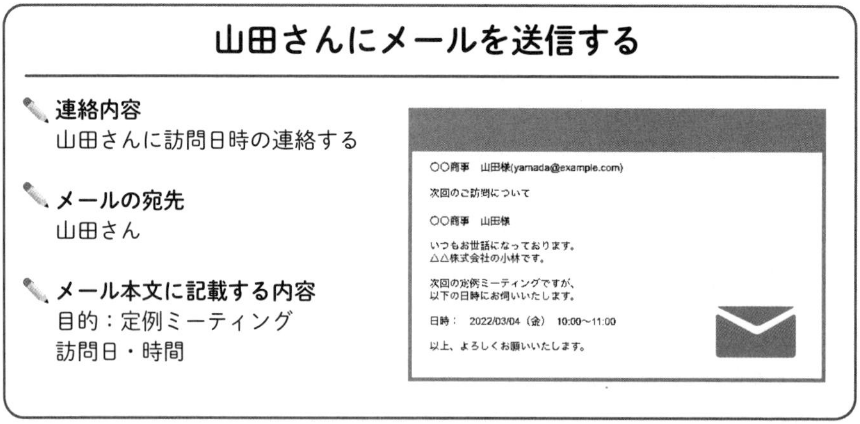

山田さんにメールを送信する

✏ **連絡内容**
山田さんに訪問日時の連絡する

✏ **メールの宛先**
山田さん

✏ **メール本文に記載する内容**
目的：定例ミーティング
訪問日・時間

〇〇商事　山田様(yamada@example.com)

次回のご訪問について

〇〇商事　山田様

いつもお世話になっております。
△△株式会社の小林です。

次回の定例ミーティングですが、
以下の日時にお伺いいたします。

日時：　2022/03/04（金）　10:00〜11:00

以上、よろしくお願いいたします。

一方で、「山田さんと商談する」というタスクは、今すぐにできることでもありません
んし、具体的にイメージすると、やるべきことが複数出てきます。

まずは「山田さんにアポを取る」というタスクから始め、「商談のための資料を作成
する」タスクができてようやく、「訪問して商談する」というタスクができます。

このように具体的にイメージできる作業になるまでタスクを分解していくことをタス
ク分割といいます。

どこまでタスク分割を行うかは、経験や人によっても異なり、「商談のための資料を
作成する」が具体的にイメージできなければ、更にタスク分割を行います。

図6-1-2　タスク分割をしているイメージ

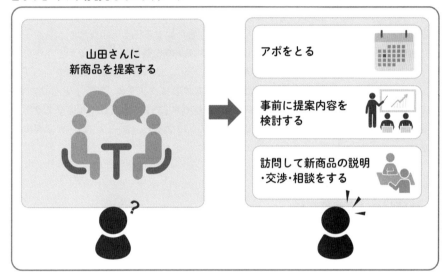

6-1-2　タスク管理とは何か

タスクにはやるべき内容の他に様々な情報があります。最低限必要なこととして、タ
スクをやったか、やっていないかという**タスクの状態（ステータス）**です。チームで仕
事をする場合、そのタスクは誰が担うのかという、**担当者**の情報。そのタスクはいつま
でに終わらせないといけないのかという、**期限**。そのタスクはどれくらい時間がかかる
のかという、**作業時間（工数）**など。これらの情報を追加したり、更新していくことが
タスク管理です。

タスク管理は、作業の優先順位をつけたり、忘れずに全ての作業をこなすために必要
不可欠なものです。

6-1-3　ワークフローの必要性

　ワークフローとは、仕事（ワーク）の流れ（フロー）を意味します。自分個人のタスク管理であれば、やったかやっていないかだけの管理で問題ないでしょう。タスクを箇条書きにして消し込んでいくだけで良いです。これがチームにおけるタスク管理となると、そうもいかない状況があります。自分の予定していたタスクが早く終わり、チームのタスクを率先してやれることもあるでしょう。その場合に、やろうとしたタスクが実は他のメンバーがやっている最中だったということが起こります。このようなことにならないために、タスクに着手している「着手中」や「Doing」というステータスを追加してメンバーに示せると良いでしょう。

　別のケースとして、タスクを依頼した人と担当者が異なる場合、担当者がタスクを終えたら終わりということもなく、依頼した人はタスクの成果が合っているかどうかを確認する必要もあります。この場合、「作業終了」の後に、依頼者による「確認中」や「レビュー中」というステータスを経て、確認が問題なければタスクの「完了」となります。

　このようなタスクの流れのことを**ワークフロー**といいます。個人レベルのタスクでは必要ありませんが、チームや他の人が関わるタスクになると、ワークフローが必要になります。

図 6-1-3　ワークフローの説明

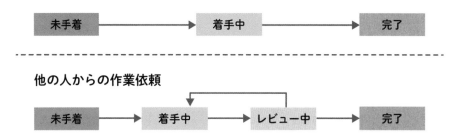

単純なタスク処理業務

未手着 → 着手中 → 完了

他の人からの作業依頼

未手着 → 着手中 → レビュー中 → 完了

6-2

タスク管理の必要性を知る

　タスク管理は、自分やチームのやることを管理することであり、その情報をうまく扱うことです。それによって、複数のタスクを複数人で同時に進めることができたり、仕事の状況を把握しやすくなったり、チーム全体をマネージメントしたりもできます。

　ただ、人間は不完全な生き物であり、ときに不合理であるため、うまく情報を扱うこと自体が難しいのも事実です。やらなければならないことがあっても、それができないということは多々あります。その理由として、以下のことが考えられます。

6-2-1　記憶力の問題

　人間の記憶力には限界があります。複数のタスクを記憶だけで管理するのは難しいでしょう。たとえば、タスクのメモ書きに「メールを送る」と書いたとして、タスクを作ったときにはその内容を理解していても、数日後にやろうとしたら誰に何の内容のメールを送るか忘れてしまうといったこともあります。

　対策 ➡ タスク管理ツールに記録する
　　　　➡ メモに詳細に記入する

6-2-2　タイミングの問題

　やるべきタスクを適切なタイミングで思い出せないと意味がありません。たとえば、会議が 10 時にあることを 10 時に思い出しても事前準備が間に合いません。

　対策 ➡ リマインダーを利用する

6-2-3　モチベーションの問題

　タスクを認識したときと、それを実行する段階とで、モチベーションに違いが起こることがあります。人間はモチベーションを自由にあやつれないため、後回しにしたり意欲が低下したりするのです。締め切り間近にならないとモチベーションが高まらなかっ

たり、やりたくないタスクや苦手な作業より興味のある作業を優先したりしてしまいがちです。

対策 ➡ タスクを細分化し達成感を得やすいようにする

6-2-4　認知バイアスの問題

人間の判断基準は一定していません。緊急性が高いタスクがあっても、直近で発生した作業を重視してしまうことがあり、判断ミスが起こることがあります。たとえば、クライアントに大事なメールを送ろうとしてメーラーを立ち上げたら、興味のあるイベントの案内メールが気になって開いてしまうなどといったことがあげられます。

このようなことは認知バイアスの問題であり、行動経済学として有名です。人の不合理な心理によって優先順位などの判断ミスが起こるのです。

対策 ➡ 時間管理のマトリクスで優先順位を付ける
➡ タスクリストで優先順位を確認する

6-2-5　マルチタスクの問題

人間が並行して考える能力には限界があります。一つに集中して行うときと並行して行うときとでは、効率に差が生じます。たとえば、資料を作りながらチャットをしようとしても、内容が頭に入ってきません。マルチタスクで同時にこなすより、シングルタスクを一つひとつこなしていくほうが良いでしょう。

対策 ➡ ポモドーロ・テクニックで集中する

こういった人間の不完全性と不合理性を補うために、タスク管理があります。それは単純にタスクをやったかやっていないかの管理だけでなく、どのように集中して行えるかなどのメソッドも含まれています。

それでは、この後にタスク管理のツールやメソッドを詳しく紹介していきます。

タスク管理

6-3

タスクの種類を理解する

このセクションでは、基本的なタスクの種類について解説します。

6-3-1　サブタスク（親子タスク）

タスクとは具体的にイメージできる作業のことですが、具体的にイメージできない場合、タスク分割を行います。そうして複数に分割されたタスクのことを**サブタスク**または**子タスク**といいます。分割前のタスクは抽象的な位置付けとなり、親タスクと言えます。Redmineの呼び方では「親子チケット」に当たるでしょう。

「お客さんに提案する」というやるべきことが発生した場合、たとえば経験豊富なコンサルタントであれば、それを一つのタスクとして扱えるでしょう。解決策も分かっていて、提案書の作り方も頭に入っているからです。しかし、仕事を覚えたばかりの社会人ならそうはいきません。具体的にイメージできるまでタスクを分割します。分割した子タスクでもイメージできなければさらに分割し、それらは孫タスクとなります。

図6-3-1　お客さんに提案するをタスク分割したサブタスク

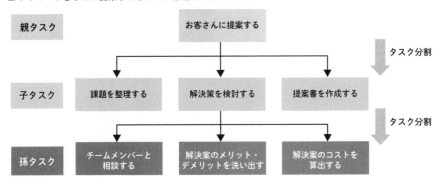

タスク管理

355

6-3-2　スケジュール

　スケジュールは日時が決まっている予定であり、多くの場合、他者との約束です。

　タスクは自分の好きなタイミングで開始できますが、スケジュールは開始時間が決まっているもので、主にカレンダーで管理されます。ミーティングや訪問、新幹線の移動もスケジュールです。

　他者との約束が多い人は、タスク管理の多くがスケジュール管理になります。スケジュールを先に埋めて、空いた時間にタスクを行っていきます。

　また、すべてのタスクをスケジュール化する方法もあります。タスクの開始時間をカレンダーに入れることで、自分との約束にしてしまいます。そうすることで、タスクとスケジュールが一つにまとまります。

図 6-3-2　カレンダーにスケジュールが埋まっている様子

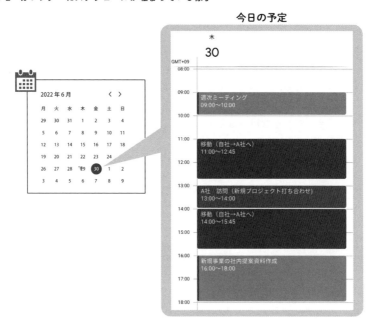

6-3-3　ルーチン

　ルーチンは、繰り返し行われるタスクのことです。リピートタスクともいいます。

　毎朝メールチェックをする、毎月請求書を送るなど、毎日、週一、月一などの単位で繰り返されるものは、日次ルーチン、週次ルーチン、月次ルーチンと呼ぶことができます。

100ページの資料を作成するために、一日10ページずつ作業をしていく（10個の
タスクに分割する）といったやり方も目的を持ったルーチンです。
　タスク管理においては、ルーチンに対するスタンスが2つあります。
　一つは、全く無視してしまうスタンスです。習慣化されているルーチンであれば、わ
ざわざ管理しなくていいという考え方です。
　もう一つは、ルーチンをすべてタスク管理に組み込むスタンスです。この方がタスク
全体の管理はしやすくなり、ルーチンも含めて業務時間内に収まるかを確認できます。

図 6-3-3　毎朝のルーチンのチェックリスト

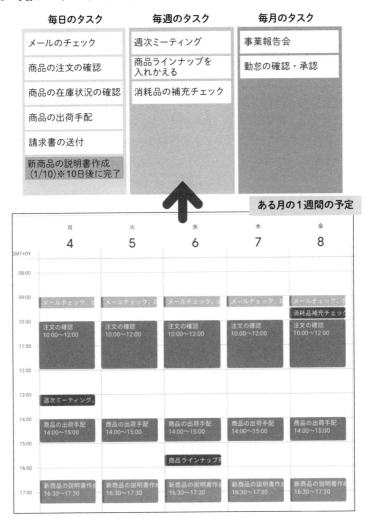

6-4

タスク管理のツールを理解する

このセクションでは、タスク管理の代表的なツールについて解説します。

6-4-1　タスクリスト

　タスク管理の基本となるツールです。そのままタスクのリストですが、表現方法は様々あります。シンプルに箇条書きになっているもの、スプレッドシートとしてタスクに関する情報も管理しているもの、付箋紙にタスクを書いてステータスを進めると移動するカンバン方式のもの、すべてタスクリストです。

　タスクリストについては、6-5「タスク管理のリストを理解する」p.361 で様々なリストを紹介します。

図 6-4-1　シンプルな箇条書きのタスクリスト

顧客への提案資料を作成する

打ち合わせ日程を決める

打ち合わせ結果を提案書に反映する

提案書（最終版）を顧客に提出する

他社へ類似提案ができないか検討する

6-4-2 リマインダー

　タスクを思い出させてくれるものがリマインダーです。リマインダーには、アクティブ（能動的）なリマインダーと、パッシブ（受動的）なリマインダーの2種類があります。

　アクティブリマインダーは、デジタルツールを介して設定した時刻になったらアラームやメールなどでタスクを知らせてくれる形式です。よく使われるのがスマホアプリにも搭載されている「リマインダー」です。Redmineにも通知機能があります。ツールの方から働きかけてくれて、「山田さんにメールを送る」といった通知が来ることでタスクを思い出すことができます。

　パッシブリマインダーは、やるべきことをメモしておいて、そのメモを見ることで思い出す形式です。たとえば、付箋紙やメモ帳にタスクを書いてモニターに貼っておくとそれがリマインダーとなります。これは仕事をするうえで必ず目に入る場所にあって、それを見に行ってタスクを思い出すので、自分からの働きかけが必要なものです。明日必ず持っていくものを玄関に置いておくというのもパッシブリマインダーです。

図 6-4-2　スマホから通知が来たリマインダー

タスク管理

6-4-3　カレンダー

　日付や時間と紐づけてスケジュールを管理するのが**カレンダー**です。すべてのカレンダーはスケジュールを俯瞰するためにも使われます。単に「何月何日に何をする」というのを確認するだけでなく、その前後にどんなスケジュールが入っているかを確認するのも目的です。

　1ヶ月単位や週間の表示などデジタルツールであれば、任意で表示期間を変更することもできます。スケジュールは1回限りのものと、週次ミーティングなどのルーチンがあります。デジタルカレンダーであれば、繰り返し設定を行うと、自動的に以降のスケジュールも登録され、忘れるのを予防できます。

　カレンダーを毎朝見る習慣がついていれば、それ自体がパッシブなリマインダーにもなります。

図6-4-3　週表示のカレンダー

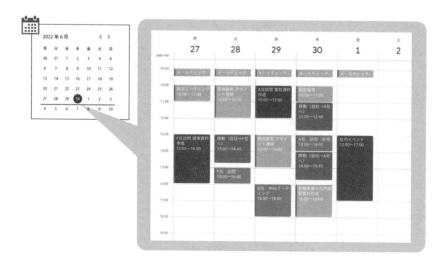

6-5

タスク管理のリストを理解する

このセクションでは、タスク管理における様々なリストを解説します。

6-5-1　オープンリストとクローズドリスト

タスクを管理する時、2つの側面があります。「タスク全体を把握したい」という俯瞰の側面と「今やるべきことに集中したい」という集中の側面です。

タスク管理のリストにおいて、この2つを表しているのがオープンリストとクローズドリストです。

オープンリストは、いくらでもタスクを追加できる状態を指します。そしてそれはタスク全体を俯瞰できるリストとなります。

クローズドリストは、いったんリストを作れば原則は追加できないものです。追加できないため、リストの意味する時間内に、確実にタスクをこなしていくことができ、集中するためのリストとなります。

扱うリストが、どちらの側面なのかで、オープンなのかクローズドなのかを意識して管理すると良いでしょう。

6-5-2　マスターリストとフィルターリスト

タスク管理のリストは2つの概念に分けられます。1つはマスターリストであり、すべてのタスクを集めたものです。もう1つはフィルターリストで、マスターリストから一部分だけを抽出（フィルタリング）したものです。

マスターリストはオープンリストであり、タスク全体を俯瞰できますが、作業する際に数が多すぎる場合には、フィルタリングします。

6-5-3　タスクリスト

タスクとは具体的にイメージできる作業で、その作業が並んでいるリストがタスクリストです。

- ・山田さんにメールする
- ・提案書を作成する
- ・アプリケーションをアップデートする

　すべて「やるべきこと」のタスクとして洗い出しますが、中には具体的な作業をイメージできないタスクもあります。その場合、タスクを分割してタスクリストを階層化した、サブタスクリストを作ります。

- ・山田さんにメールする
- ・提案書を作成する
    - ・課題をヒアリングする
    - ・解決案を検討する
    - ・提案書としてまとめる
- ・アプリケーションをアップデートする

　タスクリストは、いつでもタスクを追加でき、全体を俯瞰するためにオープンリストとして扱います。

タスクリストとカレンダーの併用

　タスクリストとカレンダーを併用する場合は注意が必要です。タスクとスケジュールを管理するツールが2つになるので、片方のツールを見忘れて、タスクの実施もれが生じてしまうこともあり得ます。それを避けるための工夫として、常に2つのツールを表示してすぐに気付ける状態にする。メインとなるツールをどちらかにしてそのツールに情報を集約するなど、自分が管理しやすい方法で管理します。

　例えば、タスクリストメインで使用するなら、朝一番に当日のカレンダーの情報をタスクリストに転記します。逆に、スケジュールメインで使用するなら、その日のタスクリストをカレンダーに書き込むと良いでしょう。

　筆者はタスクリストを付箋紙でデスク上に並べて、すぐ横にiPadでカレンダーを常に表示させています。

6-5-4　デイリータスクリスト・ウィークリータスクリスト

　デイリータスクリストは、今日やることに加え、ルーチンのタスクも含めた、実際にやることのすべてを網羅するリストです。「メールの返信をする」「会議資料を確認する」といった小さな粒度のタスクまで入ります。ちょっとした隙間時間にも細かいタスクを入れ込み、1日のすべての作業を表します。

仕事としてはその日だけの計画ではなく、1週間先までのやるべきことを計画しておくことは大事です。

ウィークリータスクリストは1週間分のタスクをリスト化しますが、デイリータスクリストほど細かくはせず、管理しやすい粒度にしておきます。

今日やるべきデイリータスクリストも朝一番に作成し、常に1週間先のウィークリータスクリストを更新していきます。

デイリータスクリスト、ウィークリータスクリストは、今日中や今週中という制限を設け、タスクを実行していくことに集中したいため**クローズドリスト**として扱います。一方、緊急度の高いタスクが入ってくる場合もあります。その際は、今やるべきことの優先順位を確認してリストの中のタスクと入れ替えるか、別のリストに入れて目の前の作業を終わらせるのを優先するかを検討します。

図 6-5-1　デイリータスクリストに割り込みタスクが入ったときのイメージ

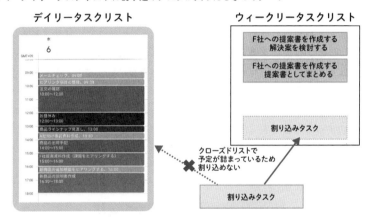

6-5-5　いつかやることリスト

これは今後やるべきもののリストです。今すぐ取り掛かるわけではないものですが、後々やるときに忘れないために保存しておきます。すぐに作業する必要のない場合、あるいはそもそも作業できないような場合にこのリストに追加します。業務上の研修を受ける、オフィスの大掃除などがその例です。このリストを見るタイミングを作らないと、いつかやるつもりでいても、いつまでもやらないままになってしまいます。気がつけばやるべきタイミングを過ぎてしまっているということにならないためにも、いつかやることリストをレビューするタイミングを作ります。そのときにこのリストを見返して、遂行可能であれば他のリストに転記して、進めていきます。訪問したい会社、会いたい人、読みたい本などもリストに入れておくと有効です。

6-5-6　ペンディングリスト

　ペンディングリストは、人に作業を依頼し、その結果を待っているもののリストです。依頼日時と締め切りを明記して管理します。締め切りが近いものが出てきたら、作業の進捗を確認します。できるだけスムーズにやり取りするためには、事前に相手にリマインドを送るなどの対策をしておくと良いでしょう。

6-5-7　チェックリスト

　毎日の作業、繰り返し行われる作業について、やるべきことの手順を確認するためのリストです。繰り返し作業するタスクを標準化・効率化したり、作業が多かったり煩雑だったりして覚えきれないタスクを忘れないようにすることに役立ちます。数の多いタスクの手順をリスト化しておき、それにしたがって一つひとつ進めると作業が抜けることはありません。打ち合わせやミーティングが設定されたときに、そのミーティングのアジェンダは何か、事前に準備する資料はないか、参加者は誰かなどといったリストがチェックリストになります。たとえば事前資料が必要ない場合でも、それが必要ないということを確認できるでしょう。

　チェックリストは、基本的にはクローズドリストとして運用されるものです。作業中はそこに追加することはせず、作業が終わって直すべき点が見つかったときにはリストを修正して運用すると良いでしょう。

図 6-5-2　チェックリストのイメージ

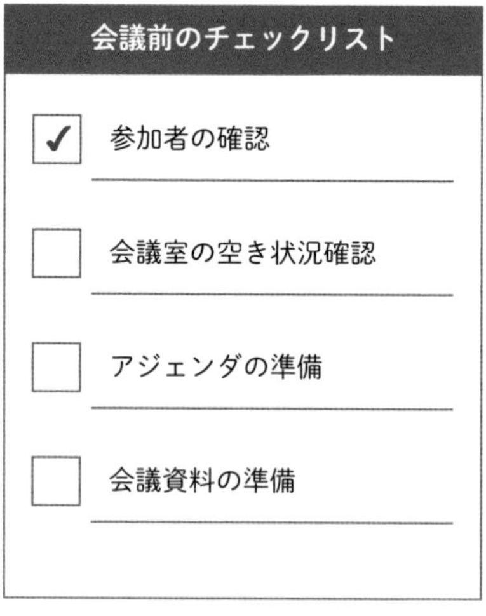

会議前のチェックリスト
✓　参加者の確認
□　会議室の空き状況確認
□　アジェンダの準備
□　会議資料の準備

6-6

タスクに優先順位を付ける

　タスクが山積みになっている際に、優先順位をつけられずに悩んだ経験はないでしょうか？

　タスクが多くてどれから手をつけたら良いかわからない、優先度が高いタスクばかりになってしまう……といったときに役立つのが、優先順位を決めるための手法である「時間管理のマトリクス」です。アイゼンハワーマトリクス、緊急度重要度マトリクスとも呼ばれます。

図 6-6-1　時間管理のマトリクス（米国の作家、コンサルタントのスティーブン・コヴィーが提唱）

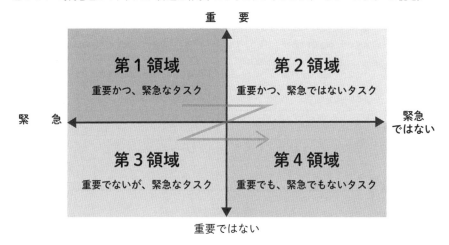

6-6-1　時間管理のマトリクスに振り分ける

　まずはタスクを第1領域から第4領域に振り分けていきます。

　図にあるように、第1領域にある重要かつ緊急のタスクが最も優先順位が高く、次に第2領域の重要かつ緊急ではないもの、続けて第3、4領域の順になります。人は緊急のタスクがあると、重要じゃなくても優先順位を高くしがちです。急に割り込みで入ってきた会議や電話、Slack から通知されるメンションの多くも実際のところ重要ではな

かったりします。第3領域のタスクばかりを先にやってしまい、本当に重要な第2領域のタスクが期日遅れにならないよう、冷静に判断する必要があります。

6-6-2　リストで優先順位付けをする

それぞれの領域で複数のタスクが出てきますが、すべて優先度が高いからと、マルチタスクで進めては余計に効率が悪くなります。領域の中をリストにして上から一つずつ優先順位を付けていきます。

まずは第1領域と第2領域だけ優先順位付けするだけでも良いでしょう。タスクに求められている期日が順位付けの判断材料にもなります。リスト化した後、俯瞰的に見て優先順位を確認します。

もし緊急の割り込みがあった場合、優先順位付けされていることで、どこに割り込むべきかの判断も付きやすくなります。

図 6-6-2　優先順位付けしたリスト

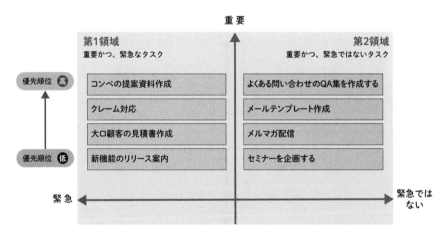

6-7

タスクの工数を見積もる

6-7-1　工数見積もりの重要性

　タスクを完了させるまでにどのくらい時間がかかるか見積もることを、**工数見積もり**と言います。

　タスクの工数見積もりを怠り、直感でスケジュールを引くと納期に遅れるリスクが高まるでしょう。

　納期間近になり、遅延しそうなことが分かると、遅れを取り戻すために、残りの日数が残業続きになるかもしれません。そしてスケジュールの遅延報告がギリギリになると、マネージャーは対策を取れず納期遅れを招きます。そうならないためにも、タスクごとに工数見積もりをしておくと、期日までに終わらない可能性があることが早々にわかり、他の人に手伝ってもらったり期日を延期してもらったりなど事前に調整や対策が取れます。

図 6-7-1　どのくらい時間がかかるか？

6-7-2　1日以内の工数見積もりにする

　タスクリストにしている時点で、ある程度具体的にイメージできる作業に落とし込めてはいるはずですが、1タスクにおいて工数が2、3日かかるという場合には、1日以

内に収まるまでタスク分割していきます。分割しても1タスクで1日以上かかるボリュームがあるのであれば、数量などで分割します。2日で20ページの成果物なら、10ページずつの2分割です。

そうしておくと、チーム内での見積もり精度が上がり、負荷の平準化もしやすくなります。特定の人に負荷が偏るのを防げるでしょう。詳細な見積もりをしていくことで、タスクの洗い出しだけでは分からなかった、タスクの内容や具体的なやり方の不明点が見つかり、想定以上に工数が掛かるということに早めに気付くことができます。

6-7-3　バッファを設ける

バッファは時間的な余裕を設けることです。

想定外の出来事があれば、見積もりをオーバーしてしまいます。見積もり通りに進まないと、さらにその次のタスクの期日や予定にも影響していくため、想定外のことにも対応できるようなバッファを設けておくことが重要です。

バッファの設定の仕方は、タスクによって違いはあるものの、一律で見積もり時間の1.2倍、1.5倍などで設定しておくのが良いでしょう。たとえば、10時間かかるタスクであればバッファ込みで15時間としておきます。

図 6-7-2　バッファのある見積もり時間

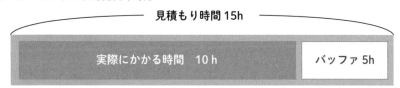

6-7-4　スケジューリングをする

タスクの見積もりをした後は、直近の日程でスケジューリングします。

2週間のタスクリストやウィークリータスクリストをスケジューリングできると良いでしょう。ウィークリータスクリストの場合、たとえば1タスクあたりバッファ込みで8時間かかるとすると、1週間は40時間として5つタスクをスケジューリングできます。

週の頭にスケジューリングすることで、収まらなかった場合に対策も早めに立てられるでしょう。

6-8

タスクの作業時間を記録する

　タスクにかかった時間が予定よりもオーバーしていたり、時には予定より早くできていたりすることもあるでしょう。見積もりと違っていたら、後のスケジュールにも影響します。作業時間を記録することで、見積もりが正しかったかどうかを確認でき、予定と違う場合に早めに対策を立てることができます。また、作業効率の改善にもつながります。

図 6-8-1　作業時間を記録する

6-8-1　作業時間を記録する

　タスクの着手時に時計を見て、タスクの開始時刻から終了時刻で計算してかかった時間を出すこともできますが、実際にはタスクをやっている最中に休憩したりすると時刻で計算するのは面倒になります。

　タスク着手時にストップウォッチで計測して、休憩時間に止めて終了したらその時間を出す方が簡単です。

　最近はタイムトラッキング用のアプリがいくつもあります。アプリを利用すると、単なる時間の記録だけでなく作業にかかった時間をグラフで見ることもでき、作業の予定時間に対して比較できるものもあります。

　予定していた時間よりも実際の作業時間が多い傾向がある場合、割り込みが多いならバッファを設けますし、単純に見積もりが甘いなら見積もりを修正します。

6-9

タスク実行のメソッドを理解する

　タスクリストの計画ができたら、タスクを実行していきます。ここでは、実行を手助けしてくれるメソッドを紹介します。

6-9-1　ファーストタスク

　ファーストタスクは、一番初めのタスク、つまり朝一番に取り掛かるタスクのことです。朝の最初のタスクを決めたら、それだけに集中して取り掛かります。朝は最も体力があり、集中力も高まりやすい時間帯。また、メールや電話、その他の干渉が入りにくいという意味でも集中しやすいです。この時間に一番進めたいタスクを終わらせてしまうという方法です。

6-9-2　タイムボックス

　タイムボックスは、時間に区切りを入れて取り組む方法です。意図的に締め切りをつけて自分を追い込みます。たとえば、1 日 8 時間稼働する場合に、1 日ではなく 2 時間ごとの 4 つのタイムボックスとしてとらえます。そして、それぞれのタイムボックスごとにタスクを決めて取り組みます。このように区切ることで、あと 30 分で締め切りが来るという状況を定期的作ることができ、メリハリをつけられます。

6-9-3　ポモドーロ・テクニック

　ポモドーロ・テクニックはタイマーを使い、タスクに集中する時間と短い休憩で構成します。タイマーを 25 分でセットし、その 25 分間だけは単一のタスクに集中します。その後 5 分の休憩を入れ、その 30 分（25 + 5）を 1 ポモドーロとし、4 ポモドーロ（2 時間）ごとに 15 〜 30 分の休憩を取ります。これを繰り返します。

　ポモドーロ・テクニックには実行メソッドだけでなく、ワークフローとしてレビューが組み込まれています。作業単位が均一になっているので、タスクが完了するまで何ポモドーロで完了できたか、回数を記録していくことができ、やり方の改善に繋がります。

図 6-9-1　ポモドーロ・テクニックの流れ

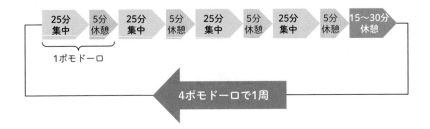

6-9-4　2分ルール

　2分ルールとは、2分で終わりそうなタスクは、リストに入れる前に実行するというルールのことです。例えば、1分以内にメッセージを読んで返信できることであれば、その場でやってしまいます。この2分ルールの「2分」というのはあくまで目安です。3分や5分ルールとしても構いません。その時間を越えると「すぐに対処すること」よりも「タスクを見積もってリストへの追加を検討すること」の方が時間がかかるという効率性の分岐点としての目安の時間です。

6-10

タスク管理のワークフローを
理解する

6-10-1　トレーシステム

　トレーシステムは、3つのトレーを使った書類整理法です。タスクが発生したらまず「未処理トレー」に入れていき、処理が終わったものを「処理済みトレー」に移動させます。すぐできないものや確認が必要なものなどは「保留トレー」へと移動させます。このように、タスクの状態によって置き場所を変え、トレーそのものをリストとして扱うことで、ハッキリと今やるべきタスクはどれなのかがわかります。

図6-10-1　トレーシステム

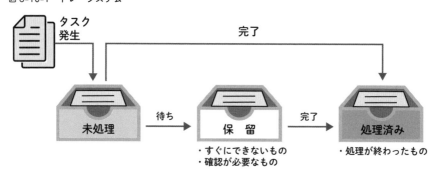

6-10-2　インボックス・ゼロ

　インボックスとは、トレーシステムであげた「未処理トレー」のように、入ってきたばかりでまだ処理されていないタスクを入れる場所のことです。アナログなら書類箱、メールなら受信箱がインボックスとなります。
　できるだけこのインボックスの中身を空っぽの状態にしておく指針のタスク整理法がインボックス・ゼロです。
　メールが溜まってくると、受信箱そのものがタスクリストになってしまいます。次々にメールが入ってくる受信箱はオープンリストであり、常に新しいタスクが追加されて

いる状態。どんなに実行しても終わりがありません。つまり、インボックスは終わりの
ないタスクリストになってしまうのです。

　そのため、受信箱に入ってくるリストをクローズしているタスクリストに振り分け、
タスクリストを自分がコントロールしていくことが大事です。

図 6-10-2　インボックス・ゼロ

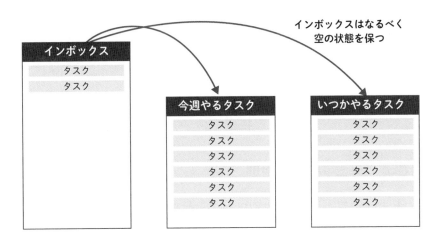

6-10-3　GTD

　GTD は、Getting Things Done を略したタスク管理の手法です。この方法では、タス
クを全て書き出し、それらを各リストに振り分けてから、そのリストを参照しながらタ
スクを実行していきます。GTD のワークフローも、ポモドーロ・テクニックのように
定期的なレビューが組み込まれています。週に 1 度はレビューを行い、リストを最新
の状態にアップデートしていくことが大事です。

図 6-10-3　GTD

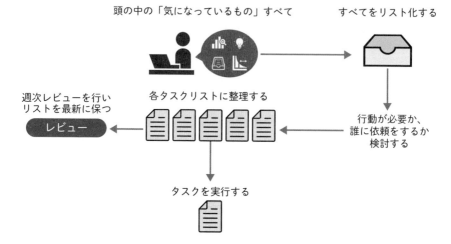

頭の中の「気になっているもの」すべて　　すべてをリスト化する

週次レビューを行い
リストを最新に保つ

各タスクリストに整理する

レビュー

行動が必要か、
誰に依頼をするか
検討する

タスクを実行する

6-10-4　マニャーナの法則

　マニャーナの法則は、新しく発生したタスクは明日やるというタスク管理です。これは、タスクが発生したら、その日に取り掛かるのをなるべく避けるという方法です。

　タスクは新たにどんどんと追加されていくもの。上司からの指示や顧客からの要望などが発生したら、その場で着手したくなるかもしれませんが、それをやってしまうと今日やるべきタスクが終わらず残業になることもあるでしょう。クローズドリストを使い、今日やるべきタスクだけに集中し、新たに発生したタスクは本当に緊急なものを除いていったん翌日以降に先送りします。

図 6-10-4　マニャーナの法則

今すぐやる　　今日中にやる　　明日やる

タスク発生

まずは「明日やる」ことにする

タスクを管理することもタスク

　タスク管理そのものもタスクです。人間のやることですから、タスク管理自体がうまくいかないこともよくあります。自分に合ったメソッドやワークフローを色々と試してみて、失敗したら検証、改善、またトライしていくことが必要です。そして、タスク管理自体を習慣化させていけるようにすることが大切です。たとえば毎朝カレンダーを見るのが習慣づいていたら、そこにファーストタスクを入れておくなど自分のやりやすい管理方法を取り入れると良いでしょう。そうした習慣化により、より確実により効率良くタスクを実践できるようになっていきます。

図 6-10-5　タスク管理もタスク

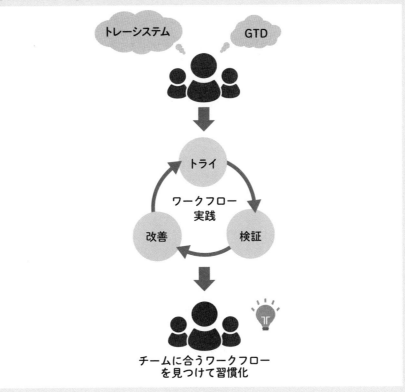

375

6-11

プロジェクトと
プロジェクト管理を
理解する

6-11-1　プロジェクトとは

　プロジェクトとは、プロジェクトの目的を達成するための業務です。多くの場合、期間や期限が設定されています。

　たとえば、

- ・今までより便利になる新製品を今年中にリリースする
- ・来年までに家を建てる
- ・ランキング10位に入るゲームを開発する

などといった例もプロジェクトです。

6-11-2　プロジェクトとタスクの違い

　たとえば、今晩食べるための「カレーを作る」というのはタスクです。ですが、「今年中に日本一のカレーを作る」となるとプロジェクトです。

　プロジェクトはタスクではなく目的であり、達成するためにチームメンバーを編成します。

　「カレーを作る」タスクは、具体的にイメージできる作業なので、すぐに取り掛かれるでしょう。「日本一のカレーを作る」プロジェクトは、目的達成のために「スパイスを仕入れる」「最高のカレールーを作る」「最高のお米を仕入れる」といった複数のタスクが発生します。

　このように、プロジェクトは、複数のタスクで構成されます。

図 6-11-1　プロジェクトは複数のタスクで構成される

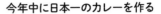

タスク	プロジェクト
カレーを作る	今年中に日本一のカレーを作る

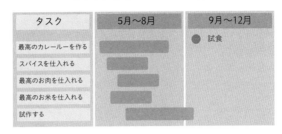

タスク	5月〜8月	9月〜12月
最高のカレールーを作る		● 試食
スパイスを仕入れる		
最高のお肉を仕入れる		
最高のお米を仕入れる		
試作する		

プロジェクト管理

6-11-3　プロジェクト管理とは

　プロジェクトを成功に導くために、人員や進捗、スケジュール、コスト、品質、解決すべき課題などを管理することを**プロジェクト管理**と言います。複数人のタスク管理そのものを管理することも含まれています。

　プロジェクト管理において、タスクを効率的に運営していくために作業内容を「見える化」し、マネージメントしやすくすることが、プロジェクトの成功に役立ちます。

6-11-4　PMBOK とは

　PMBOK（Project Management Body Of Knowledge：ピンボック）は、プロジェクト管理に関する知識を体系的にまとめたものです。「品質」「原価」「スケジュール」など 10 の知識エリアと「立ち上げ」「計画」「実行」などの 5 つのプロセスが定義されていて、QCD を適切に管理することも PMBOK の目標となっています（最新の『PMBOK 第 7 版』では大きく内容が変わっています）。

6-11-5　QCD とは

　QCD とは、Quality（品質）、Cost（コスト）、Delivery（納期）の頭文字をとったもので、QCD を守ることがプロジェクト管理に求められます。

　QCD の 3 要素は互いに影響し合う関係であり、例えば、品質を上げるためには、費用を上げて、納期を遅らせる必要があるなどです。

図 6-11-2　QCD の関係

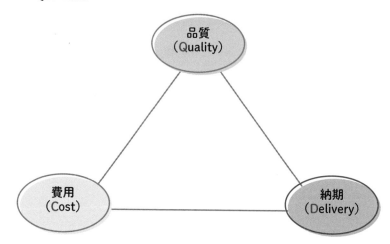

　QCD の 3 要素に「S」を追加した「QCDS」というものがあり、Scope（スコープ：範囲）を意味します。

　IT を導入する場合やシステム開発する場合に、提供する機能の範囲を決めるものです。スコープの調整ができることで、QCD の調整もより柔軟になります。

6-11-6　代表的なプロジェクト管理手法

　複数人が関わるプロジェクト管理は個人のタスク管理よりも複雑なため、プロジェクトを成功させるために管理手法は特に重要です。管理手法の中でも、ウォーターフォール型とアジャイル型は IT のシステム開発でもよく用いられるため、この後のセクションで詳しく解説します。

ウォーターフォール型

　ウォーターフォール型は、時系列に沿って工程を一つずつ進めていきます。計画通りにプロジェクトを完了させていくのに適していて、要件の追加や変更が少ないもの、大規模なプロジェクトで採用されます。

アジャイル型

　アジャイル型は 1 ヶ月以内の期間に分割し、それを繰り返してプロジェクトを進めていきます。小さくリリースし成長させていくもの、要件が変化しやすいもの、スピード重視のプロジェクトに適しています。

ガントチャート

　やるべきタスクをツリー構造で縦軸に表示し、各タスクのスケジュールを横軸に表示した表で表現することで、ひと目見ただけで進捗状況を俯瞰的に把握して管理する方法です。日程重視で管理するタスクが多くないプロジェクトであれば、ガントチャートだけでも十分でしょう。

カンバン

　カンバンボードに「未着手」「作業中」「作業完了」などのステータス（状態）の仕切りを作り、チームのタスクをボードに配置することで、進捗状況を俯瞰的に把握して管理する方法です。優先順位を重視し一定期間内にチームメンバー全員で完了を目指すプロジェクトに適しています。

クリティカルチェーンプロジェクトマネジメント（CCPM）

　CCPM は、プロジェクトの納期をできる範囲で短く設定し、プロジェクト全体でバッファ（余裕）の消費具合を管理する手法です。

アーンドバリューマネジメント（EVM）

　EVM は、計画値（PV）や出来高（EV）、実績値（AC）などの要素をすべてコストとして換算し、進捗管理する手法です。

6-12

ウォーターフォール型開発の 概要を知る

6-12-1　ウォーターフォール型開発とは

　ウォーターフォール型開発は、システムやソフトウェア開発において有名なプロジェクト開発手法の一つです。ですが元々、建築や機械製造などの手法を参考にしたもので、主にものづくりの現場で広く有効です。

　システム開発の場合、「要件定義」「外部設計」「内部設計」「プログラム設計」「プログラミング」「テスト」といった工程に分け、一つひとつ順序通りに完了させていきます。

図 6-12-1　ウォーターフォール型開発

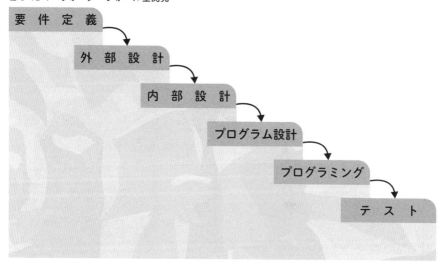

　各工程が終わってから次に進むという方法で、前の工程には戻りません。それぞれの工程で成果物を作成し、品質を確保していきます。

　「ウォーターフォール（waterfall）」とは英語で「滝」という意味です。まさに水が上から下へ落下するかの如く、プロジェクトを進めていく手法です。

6-12-2 ウォーターフォール型開発のメリット

　ウォーターフォール型開発のメリットは、「プロジェクト全体の計画を立てやすい」「予算・人員を予測しやすい」「進捗を管理しやすい」といったことが挙げられます。

　しっかりと計画を事前に行うことで、プロジェクトの終了までの見通しがわかりやすくなり、進捗管理や時間管理をしやすくなります。やるべきことを機能分割、タスク分割することでWBS（6-13「WBSとガントチャートを理解する」p.382参照）を作り、それぞれにプロジェクトメンバーをアサインして、いつからいつまでといったスケジュールを立てることでガントチャートを作成します。プロジェクト開始後も俯瞰的にガントチャートを把握できるため、各工程ごとに進捗管理もしやすくなります。

　このように、早い段階でプロジェクト全体を把握できるため、計画通りにプロジェクトを完了させるのに適していて、要件の追加や変更が少ないもの、大規模なプロジェクトで採用されます。

プロジェクト管理

6-13

WBSと
ガントチャートを理解する

6-13-1 　WBS とは

　WBS（Work Breakdown Structure）は、作業を細分化して構造図で示す手法です。プロジェクトにおける作業を大きな粒度のタスクから小さなタスクへと分解していきます。大きなタスクから次第にタスクの粒度を小さくしていくというプロセスを辿ることで、より精度の高いタスクの洗い出しができます。

図 6-13-1 　WBS（Work Breakdown Structure）

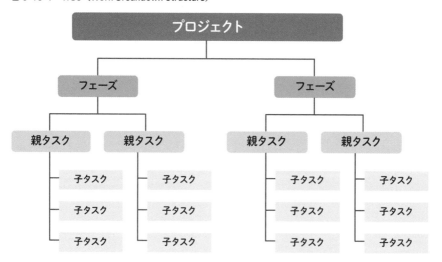

　タスクが分解できるとそれぞれのタスクに担当者を割り当てることができ、工数の見積もりも可能となってきます。そうすることで、各タスクのスケジューリングができるようになります。

6-13-2　ガントチャートとは

　ガントチャートとは、WBS の情報を元にプロジェクトの進捗管理をするチャート（図表）のことです。縦軸にタスク、横軸に時間が表され、直感的にプロジェクトの全体を把握できます。全てのタスクや工数の管理、進捗状況、メンバーの状況が見える化されており、効率良くかつ抜けなく作業を進めるのに役立ちます。

図 6-13-2　ガントチャート

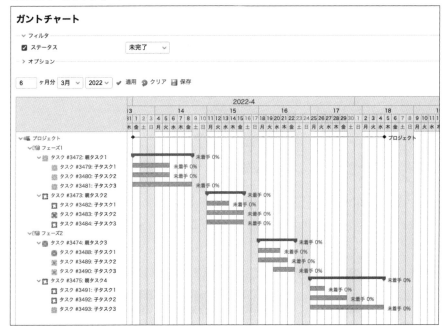

6-14

アジャイル開発の概要を知る

6-14-1　アジャイル開発とは

　アジャイル開発とは、システムやソフトウェア開発におけるプロジェクト開発手法の一つです。動作する機能単位に開発して、なるべく早く小さいサイクルで繰り返しリリースしていく手法です。

図 6-14-1　アジャイル開発

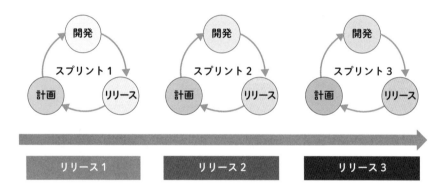

　アジャイル開発の具体的な手法には、**スクラム、エクストリーム・プログラミング**などがあります。スクラムでは一連の工程を短期間で繰り返す、1〜2週間といった開発サイクルの期間の単位のことを**スプリント**と呼びます。優先度の高い要件から順番に開発を進めていきます。

　ウォーターフォール型開発と違い、プロジェクト全体の計画を綿密に立てるわけではなく、2週間や1ヶ月という期間で時間を区切り、それを繰り返して計画を立てていきます。これを**タイムボックス管理**といいます。

図 6-14-2　**タイムボックス管理**

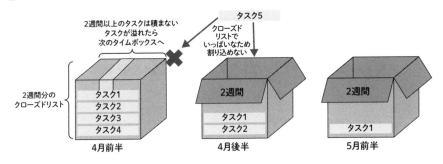

6-14-2　アジャイル開発のメリット

　アジャイル開発のメリットは、動作する機能ごとに開発・リリースを行うため、より早くユーザーにシステムや新機能を提供できることです。

　実際にユーザーが使えるようリリースすることで、使い勝手やフィードバックなどを早い段階から確認できるため、仕様変更に対応でき、システムの価値を高めることができます。

　アジャイル開発は、プロジェクト全体の進捗管理はわかりにくいですが、スプリントごとに開発にかかった工数の実績がより正確に出るため、次のスプリントの見積もりの精度が上がります。

　同じペースでスプリントごとにリリースできる成果物がこれぐらいの量というのがわかると、次のスプリントでも同じだけの成果物が出てくるという根拠を持てるため、同じリズムで開発できるようになってきます。「半年後にはこれだけできている」という、より現実的な見通しを把握できるようになります。

　システム開発以外の分野においても同じリズムで成果を出していきたいプロジェクトには、このようなタイムボックス管理は有効です。具体的な管理方法については、次のセクションで解説していきます。

図 6-14-3　**当初より価値の高いものを提供**

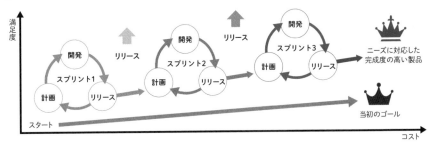

プロジェクト管理

6-15

バックログとカンバンを理解する

6-15-1　バックログとは

アジャイル開発手法の「スクラム」では、プロダクトバックログとスプリントバックログという2種類のバックログでプロジェクトを管理していきます。

図 6-15-1　プロダクトバックログとスプリントバックログ

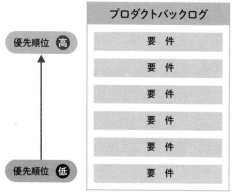

プロダクトバックログは、機能や改善要望などに優先順位をつけてリスト化したものです。優先順位をつけることで、優先順位が高いのに終わっていない状態が続いていると、そこに問題があるなどといった状況に気づきやすくなります。これは、プロダクトについての今後のやることリストだと言えます。オープンリストであり、ユーザーの要望などをいつでも入れることができます。

スプリントバックログは、プロダクトバックログのスプリント期間で行うものを抜き出したもので、具体的にイメージできるレベルにタスク分割したタスクリストのことです。タスクリストを2週間ずつなどのタイムボックスで区切ります。

タスク管理のセクションでも解説したように、このスプリントバックログ、プロダクトバックログの定期的なレビューをすることも重要です。常に最新の状態に保っていくために、スプリントが終わったタイミングでタスクリストに対するレビューを行い、各バックログのリストを見直していきましょう。

6-15-2　カンバンとは

カンバンは、複数のタスクの状況を俯瞰的に見える化したものです。**カンバンボード**とも呼ばれます。

図 6-15-2　カンバンボード

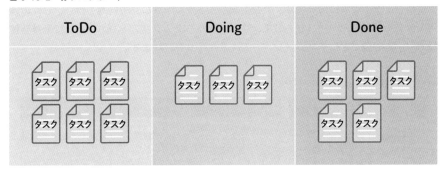

シンプルに管理するカンバンであれば、トレーシステムのように、タスクを「未着手（ToDo）」「進行中（Doing）」「完了（Done）」という3つのレーンに振り分けし、優先順位が高い順に並べます。タスクは一つずつ進めていき、未着手のレーンから進行中のレーンへ、進行中のレーンから完了のレーンへと移動していきます。

カンバンボードで一目で見える化されているので、優先順位の高いものから右にタスクが完了していることが確認できます。

進行中のタスクが多くなると作業がうまく流れなくなってしまいます。進行中のタスクが増えすぎないよう制限することで、効率的にタスクを進めることができます。

カンバンボードにすることで未完了のタスクが溜まっている場合に見つけやすくなり、チームワークでカンバンのすべてのタスクを終わらせようという意識が高まり、チーム力が高まります。

6-16

タスク・プロジェクト管理を学んで

この6章では、タスクやプロジェクトの管理をどのように行うかを学んできました。

タスク管理において、1週間の計画やその日の計画などを見積もり、実際にやって記録し、見積もりと実績が違っていれば計画を修正します。

プロジェクト管理においては、ガントチャートやバックログで計画を行い、日々の運用ではデイリーミーティングをして、ウィークリータスクリストやカンバンで進捗を確認し、一定期間ごとにチームメンバーとふりかえりを行います。

図 6-16-1　タスクリストとガントチャート

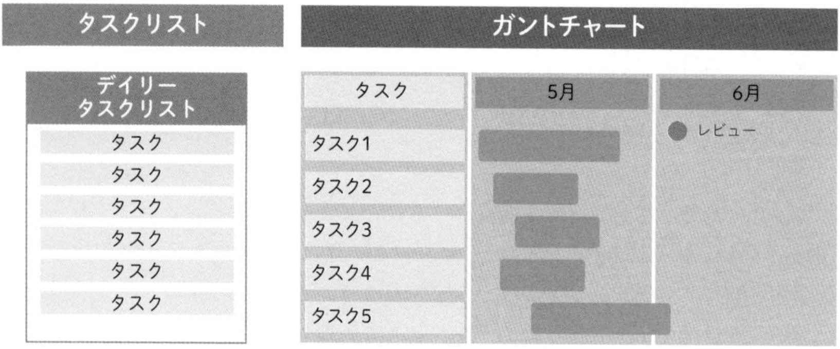

タスクリスト	ガントチャート		
デイリータスクリスト	タスク	5月	6月
タスク	タスク1		● レビュー
タスク	タスク2		
タスク	タスク3		
タスク	タスク4		
タスク	タスク5		
タスク			

普段一人で業務を行うのであれば、タスク管理のやり方も自由です。自分に合ったものや好きなもので行えば何ら問題はありません。

筆者の場合、共有しなくても良い個人のタスクであれば、付箋を使っています。

一方、チームで行う仕事やテレワークでの仕事は、オンラインで共有できるデジタルツールを使ってタスク管理を行うのが有効です。

図 6-16-2　アナログとデジタルツール

アナログ

デジタルツール

　タスク管理やプロジェクト管理を行う上で、個人の場合でもうまくいかないことがあります。複数人での管理となると、なおさら複雑でうまくいかないことも多いでしょう。

　チームでうまくいかない場合に、1人でやり方を変えようとするにはハードルが高いものです。チームメンバーでふりかえりを行い、KPT（継続すること（Keep）、課題があること（Problem）、新しく取り組むべきこと（Try））について話し合うことで、メンバー内で共通の認識を持ち、やり方を変えようという意識が自然と生まれるようになります。

　何より大事なのは、タスク・プロジェクト管理をうまくいかせてプロジェクトを成功させることです。

　仕事の負荷を分散させたりプロジェクトの失敗を未然に防いだりするために、有効なタスク・プロジェクト管理方法をチーム内で相談して見出していくことで、よりスムーズにプロジェクトを成功へと導けるようになります。

　違う方法を試してみよう、もっとうまくやりたい、そんな気持ちを本書が後押しできれば幸いです。

図 6-16-3　チームのふりかえり

タスク管理についてさらに知りたい方に

タスク管理についてさらに学びたい場合は、以下の文献をご覧ください。

p.361「オープンリスト」「クローズドリスト」
これらの用語はマーク・フォースター『仕事に追われない仕事術 マニャーナの法則 完全版』(2016/10) で説明されています。

p.370「ファーストタスク」
ファーストタスクは、マーク・フォースター『仕事に追われない仕事術 マニャーナの法則 完全版』(2016/10) で説明されています。

p.370「ポモドーロ・テクニック」
ポモドーロ・テクニックは、イタリアのフランチェスコ・シリロにより 1987 年に提唱されました。

p.372「トレーシステム」
トレーシステムは、倉下忠憲『「やること地獄」を終わらせるタスク管理「超」入門』(2019/02) で説明されています。

p.372「インボックス・ゼロ」
インボックス・ゼロは、「43 Folders」の Merlin Mann により 2006 年に提唱されました。

p.373「GTD」
GTD は、アメリカの経営コンサルタント、デビッド・アレンにより 2002 年に提唱されました。

p.374「マニャーナの法則」
マニャーナの法則は、マーク・フォースター『仕事に追われない仕事術 マニャーナの法則 完全版』(2016/10) で説明されています。

索 引

索
引

著者紹介

川端 光義（かわばた みつよし）

株式会社アジャイルウェア　代表取締役 CEO
1976 年生まれ。大阪府出身。1998 年からソフトウェア開発を 15 年以上経験。2004 年に「バグがないプログラムのつくり方」を出版。アジャイル開発を様々な現場で実践し、ICSE2006 でアジャイル開発の経験論文を発表。
2009 年より 3 名のチームで Ruby の受託開発を始め、2012 年、株式会社アジャイルウェアを設立。『Feel Good な明日を作る』をミッションに、はたらく人を応援するサービスをつくっている。主力事業はプロジェクト管理ツール「Lychee Redmine」。一緒に働く仲間たちを、最もパフォーマンスを発揮できる「しあわせ」な状態にしたい、という想いから "人を大切にする" 経営を重んじ、様々な新しい制度を導入。2022 年、隔週で週休 3 日制の施策を実現する。
Twitter: @agilekawabata

スタッフ（敬称略）
本文DTP：本薗 直美（有限会社ゲイザー）

逆引きでわかる！
Redmineハンドブック
バージョン5.0対応

2022年9月9日　　初版第1刷発行

著者	川端 光義
発行人	片柳 秀夫
編集人	志水 宣晴
発行所	ソシム株式会社
	https://www.socym.co.jp/
	〒101-0064　東京都千代田区神田猿楽町1-5-15 猿楽町SSビル
	TEL：03-5217-2400（代表）　FAX：03-5217-2420
印刷・製本	株式会社暁印刷

ISBN978-4-8026-1167-1　　©2022 Mitsuyoshi KAWABATA　　Printed in Japan.